村山 斉

宇宙はなぜ美しいのか

カラー新書

究極の「宇宙の法則」を目指して

GS 幻冬舎新書 638

はじめに

星空を見上げるとその美しさに引き込まれます。

ハッブル宇宙望遠鏡の写真集などは人気が高いようで、天体の写真を見て癒される人は多いと思います。

以前、ＮＨＫの取材で、夜、ハワイ島にあるマウナケアの山頂に登ったことがあります。すばる望遠鏡のすぐ横で、夏だったのに寒さに震えながら撮影をしました。空気が薄く服も着込んでいるのでゆっくりしか動けません。しかし星空の美しさは素晴らしいものでした。しかも空気が薄いので、星がまたたかないのです。とても印象に残っています。

私たちはなぜ宇宙を美しいと感じるのでしょうか。

私たちが宇宙から来た星のかけらだからでしょうか。

何を美しいと思うかは、人によって違うでしょう。どんな絵が好きか、好みのタイプは、などは話が尽きません。花を美しく飾るという目的は同じでも、欧米のフラワーアレンジメントと日本の生け花はずいぶん違います。

科学はせっかくの自然界の美しさを台無しにする、といわれることがあります。

私は紅葉を観賞しているときに、うっかり「葉っぱが黄色から赤へと変わるのは、養分の供給を断たれて窒息しかけているからだよね」と呟《つぶや》いて、周囲の人に思いっきり嫌な顔をされたことがあります。

もちろん私も紅葉を美しいと思います。科学的に説明できてしまうと美しさが損なわれると思わないというところで、変わっていると思われてしまうのでしょうか。

ほとんどの物理学者は、重力を記述するアインシュタイン方程式を「美しい」と感じます。数式を見て「美しい」と感じるとは奇妙な人種だ、と思われるかもしれません。

アインシュタイン方程式のどこが美しいかというと、まずこの方程式は、座標系をどうとってもいいという「高い対称性」を持っています。また、1本の式で書けてしまう「簡潔さ」があります。そして簡単に変更を加えることができない「安定感」もあります。

しかもブラックホールから惑星の運動、宇宙全体の膨張まで、空間と時間に関わる全てを説明してくれる、一種の「統一理論」なのです。こうした性質を物理学者は美しいと感じるのです。

そして物理学者には、物理法則は美しいはずだ、という信念のようなものがあります。実際、暗黒物質の正体について新しい理論を考えていると、同僚から「その理論、きれいだね」といったコメントがきたりします。逆に「そのアイデアは嫌いだな」といわれることもあるのです。今までの科学の歴史で、研究者は「こういう理論の方が正しそうだ」というカンを育ててきたのでしょう。直感的に「美しい」「醜い」という判定をしているのです。

しかし本文でお話しするように、暗黒エネルギーの発見以来、「美しい物理法則」を求める物理学者の信念は、もしかすると変更を迫られているのかもしれません。

この本は、物理学者が感じる「美しさ」を説明してみようという試みです。

私たち物理学者の気持ちが伝わるかどうか。「美しい物理法則」の探究はどこまで行けるのか、壁にぶち当たっているのか。

みなさんが本書を読んでどのように感じられるのか、とても楽しみです。「物理学者というのは、やっぱり変な人種だ」で終わるのかもしれませんが(笑)。

宇宙はなぜ美しいのか カラー新書／目次

第2章 美しさの秘密 「対称性」とは？ 69

編集協力 岡田仁志
図版作成・DTP 美創

章トビラ写真：銀河系の星・渦巻銀河・銀河団
Credit : ESA/Hubble & NASA, RELICS

第1章 宇宙はこんなに美しい

ガリレオが望遠鏡で見た月は美しかったか

夜空の星は、美しいものです。私たち物理学者や天文学者にとっては研究の対象ですが、皆《かい》既《き》日食や彗星《すいせい》などの現象が「天体ショー」などと呼ばれるように、宇宙は眺めているだけでも楽しくなるエンターテインメントの場ともいえるでしょう。

写真［１－１］は、南米チリのアタカマ高地から見た天の川です。写真でもこれほど美しいのですから、現地で見上げたら、宇宙の迫力に圧倒されるのではないでしょうか。

このような「満天の星」は、どこでも見られるわけではありません。現代社会は夜でも明るい場所が多いので、天の川を見たことのある人はあまりいないと思います。また、星空をきれいに見るには、空気や水蒸気に邪魔されないことも必要です。そのため、宇宙を観測する天文台の多くは、標高数千メートルの高地や乾燥した土地に建設されます。

たとえば日本のすばる望遠鏡があるのは、ハワイ島のマウナケア火山の山頂です。標高は富士山よりも高く、約４２００メートル。空気が薄く、じっとしていても苦しいので、天文学者も楽ではありません。砂漠や南極で観測する人たちもいますから、本当に過酷な仕事だと思います。多くの地元の人々は天文学に協力的で、観測の邪魔にならないよう、島には街灯がほとんどありません。とはいえマウナケアの山頂は、ハワイの先住民の聖地でもあります。新たな

[1-1] **南米チリのアタカマ高地から見た天の川**

Credit : Stéphane Guisard, http://sguisard.astrosurf.com

望遠鏡の建設計画もありますが、一部の人の反対運動があり、今後どうなるかはわかりません。

写真のような美しい星空はなかなか見られませんが、私が子どものころは街の明かりがまだ少なかったので、東京でもいまよりたくさんの星が見えました。それをもっとよく見たくて、親に天体望遠鏡をねだったのを覚えています。「うちにはそんなお金はない」と残念ながら買ってもらえませんでしたが、あのころ望遠鏡を手に入れていたら、物理学者ではなく天文学者を目指していたかもしれません。高地や砂漠での厳しい仕事に耐えられたかどうかはわかりませんが。

望遠鏡を人類で初めて宇宙に向けたのは、天文学と物理学の両方の分野で偉大な業績をいくつも残したガリレオ・ガリレイでした。いまからおよそ４００年前、１６０９年にガリレオが最初に望遠鏡で見た天体は、月です。

　その姿は、予想とはかなり違うものでした。当時の人々は、神様の支配する天上（宇宙）は地上（地球）とは別世界だと考えており、太陽や月や星などの天体は、すべてツルツルした完全な球体だと思っていたからです。

　ところが、ガリレオが望遠鏡で拡大して見た月は、地球と同じように山や谷のあるデコボコした天体でした。その意味では、あまり「美しい」とはいえません。おそらく、ガリレオの発見にガッカリした人もいたことでしょう。

　でも、これは実に大きな発見です。天上は別世界ではなく、どうやら地上と変わらないようだ——それに気づいたガリレオは、ガッカリするどころか、大きな感動を味わったのではないでしょうか。見た目のデコボコとは別に、その事実を「美しい」と感じたかもしれません。

　というのも、別々に考えられていたものが「同じ」であるとわかったとき、そこに一種の美しさを感じるのが、物理学者の習性だからです。

　たとえばアイザック・ニュートンも、「万有引力の法則」によって、天上と地上が「同じ」であることを発見しました。地上でリンゴが木から落ちるのも、月が地球の周りを回るのも、同じ理論で説明できることに気づいたのです。

　このように、ひとつの法則でたくさんの事象を説明できる理論のことを、私たち物理学者は

「統一理論」と呼びます。一見すると無関係に思える現象が同じ法則にしたがっているということが、私たちにとっては美しく感じられる。物理学者が「感動」や「美しさ」を口にするのは奇妙に思われるかもしれませんが、私たちは、できることなら自然界の森羅万象をたったひとつの統一理論で説明したいと願っているのです。

しかし、その話は後回しにしましょう。

ガリレオ以後、望遠鏡による天体観測は、時代を追うごとに発展してきました。天上も地上も同じ自然界とはいえ、望遠鏡が見せてくれる宇宙の姿は、やはり私たちの日常にはない美しさや驚きに満ちています。まずはその美しさに触れながら、少しずつ宇宙の謎や不思議に迫っていくことにしようと思います。

地球を自撮りしてみたら

ガリレオが最初に望遠鏡で見た月は、私たちにとって、太陽の次に親しみ深い天体といえるでしょう。しかし私たちには、それ以上に身近な天体があります。いうまでもなく、自分たちの暮らす地球にほかなりません。

でも、地球人がその美しさを知るまでには、かなり時間がかかりました。最近は「自撮り棒」を使うなどして、セルフポートレイトを撮るのも簡単になりましたが、地球はそういうわけにいきません。外から地球を見たり、写真を撮ったりできるようになったのは、20世紀後半になってからのことです。

ちょっと玄関先に出ただけでは建物の全体像が見えないのと同じように、地球も丸ごと全部を見ようと思ったら、遠くまで行かなければいけません。たとえば国際宇宙ステーション（ＩＳＳ）が浮かんでいるのは、地上から約４００キロメートル離れたところです。地球の直径は約１万２７００キロメートルですから、地球がリンゴだとすると、ＩＳＳの軌道はその皮の部分に浮かんでいるようなものです。その距離から見えるのは、地球のほんの一部にすぎません。

地球から月までの距離は、約38万４４００キロメートル。そこまで「自撮り棒」を伸ばすと、やっと地球の全体像をとらえることができます。

日本は２００７年に「かぐや」という探査機を打ち上げ、月を何度も周回し、月の裏側も含めて観測し、大きな成果をあげました。そのとき「かぐや」から送られてきたのが、月の裏側の見えないところにいた地球が見えるところに徐々に戻ってくる、「日の出」ならぬ「満地球の出」という感動的な映像です。動画はYouTube公式チャンネル「JAXA Channel」で公開されています（「かぐや」ＨＤＴＶによる満地球の出〈２００８年４月５日〉）。

地球の美しさにあらためて息を呑む人も多いでしょう。このように青々とした海や白い雲に覆われた惑星は、滅多にありません。大事にしたいものです。

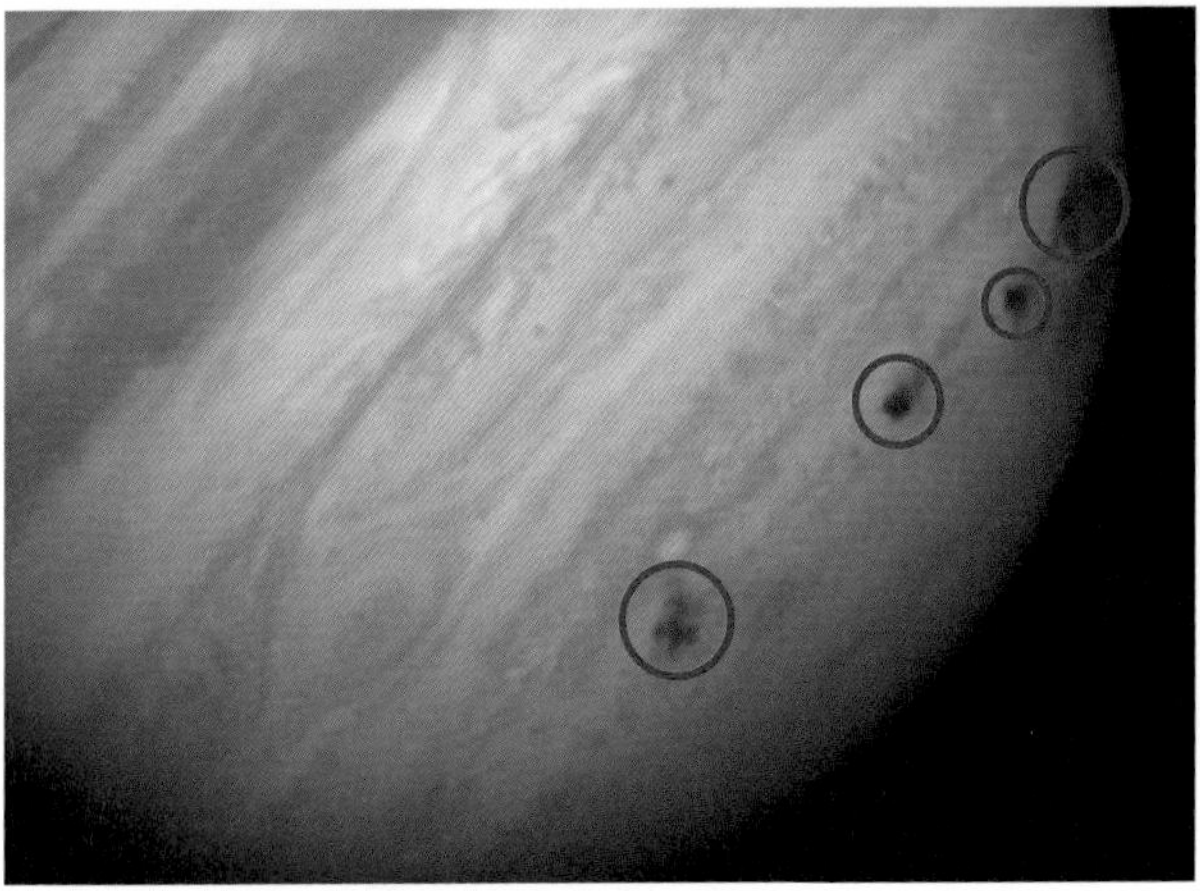

［1-2］ハッブル宇宙望遠鏡が撮影した木星の姿
Credit : Hubble Space Telescope Comet Team and NASA

土星でもオーロラが輝く

探査機の発達によって、太陽系内のほかの惑星も、それぞれに美しい表情を持つことがわかってきました。写真［1－2］は、アメリカのハッブル宇宙望遠鏡が撮影した木星の姿です。

ただし、これは木星の日常風景ではなく、ある「大事件」の瞬間をとらえたものです。1994年7月、その前年に発見されたシューメーカー・レヴィ第9彗星が、木星に衝突したときの様子です。

写真には、バラバラになった彗星の破片が木星の表面に突っ込んで、いくつもの穴を開けた様子が写っています。地球や火星のような岩石惑星と違い、木星はガスでできた惑星なので、衝突した天体がズブズブと中に入っていくので

［1-3］**オーロラが青白く光る土星**
Credit : NASA, ESA, J. Clarke (Boston University), and Z. Levay (STScI)

す。NASAが衝突の様子を解説した動画がYouTubeで公開されています（https://www.youtube.com/watch?v= gbsqWozEBBw）。

このような天体同士の衝突を見るには、望遠鏡の感度を高めるだけではなく、それがいつ起こるかを予測する計算技術も必要になります。ちなみに、その衝突を世界で最初に予測したのは、日本の天文計算家・中野主一さんでした。単に遠くの天体を見るだけでなく、そこで起きる特別なイベントを観測するのも、天文学の役割のひとつなのです。

上の土星の写真［1－3］も、「ああ、やっぱり輪があるんだな」と確認できるだけのものではありません。よく見ると、土星の「南極」にあたる部分がリング状に青白く光っています。

地球でも、北極や南極の近くでは同じ現象が起こるので、天体衝突ほど珍しい現象ではありません。そう、これは土星で生じた「オーロラ」です。

ガリレオは、地球も月も同じような天体であることを発見しました。これを見ると、やはりほかの惑星でも地球と同じような現象が起こり、気候変動などもあることが実感できるのではないでしょうか。

ですから、木星で起きた彗星の衝突も、地球で同じようなことが起きないともかぎりません。シューメーカー・レヴィ第９彗星が木星に開けた穴の中には、地球サイズのものもありました。実際、アメリカの議会は２００５年、直径１４０メートル以上の大きさの地球近傍天体（ＮＥＯ　Near Earth Object）をＮＡＳＡの使命に加えました。ＮＡＳＡは現在、年間２００億円近くの予算を投じて観測を進めています。天体観測は、私たちの運命を左右する情報も与えてくれるのです。

太陽もいつかは燃え尽きる？

地球の運命を左右するといえば、太陽ほど影響力の大きな天体はほかにないでしょう。地球という惑星に私たちのような生命体が誕生したのも、太陽の生み出す光とエネルギーのおかげです。

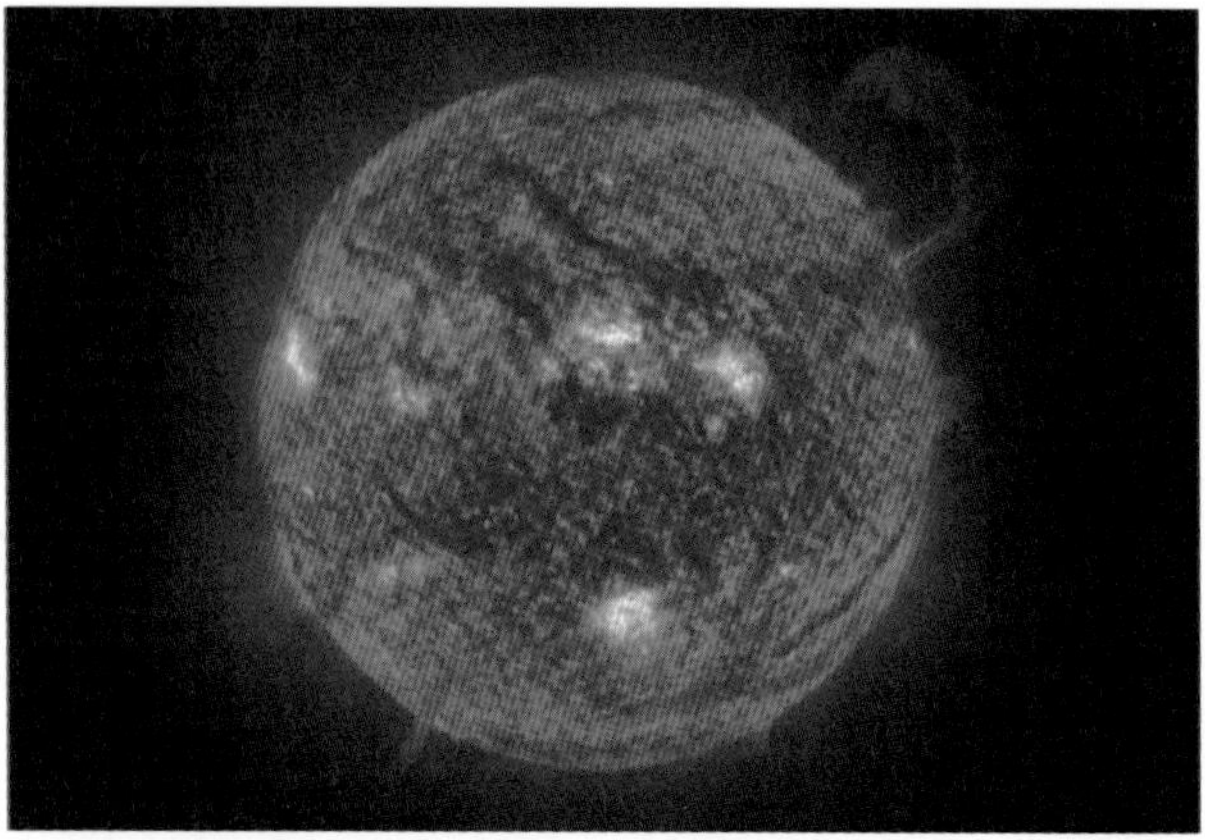

［1-4］**EIT（極端紫外線画像化望遠鏡）で撮影した太陽**
Courtesy of SOHO/Extreme Ultraviolet Imaging Telescope (EIT) consortium (supported by ESA and NASA)

その太陽の姿も、いまはさまざまな形で見られるようになりました。写真［1－4］は、可視光ではなくX線で見た太陽です。活発に燃える表面の様子がよくわかるのではないでしょうか。

太陽は、内部で原子を燃やすことによって、たくさんの光やエネルギーを生み出しています。太陽のこの活動が止まるようなことがあれば、私たちも地球で生きていくことができません。

ただし、それは石炭や石油のような燃料を燃やすのと同じではありません。もし太陽の質量と同じだけの燃料を燃やしてその熱量を出すとすると、2000万年程度で燃え尽きてしまうでしょう。太陽の寿命がそれしかなかったとしたら、私たちは生まれていません。地球の誕生は約46億年前で、生命の誕生は約40億年前と考

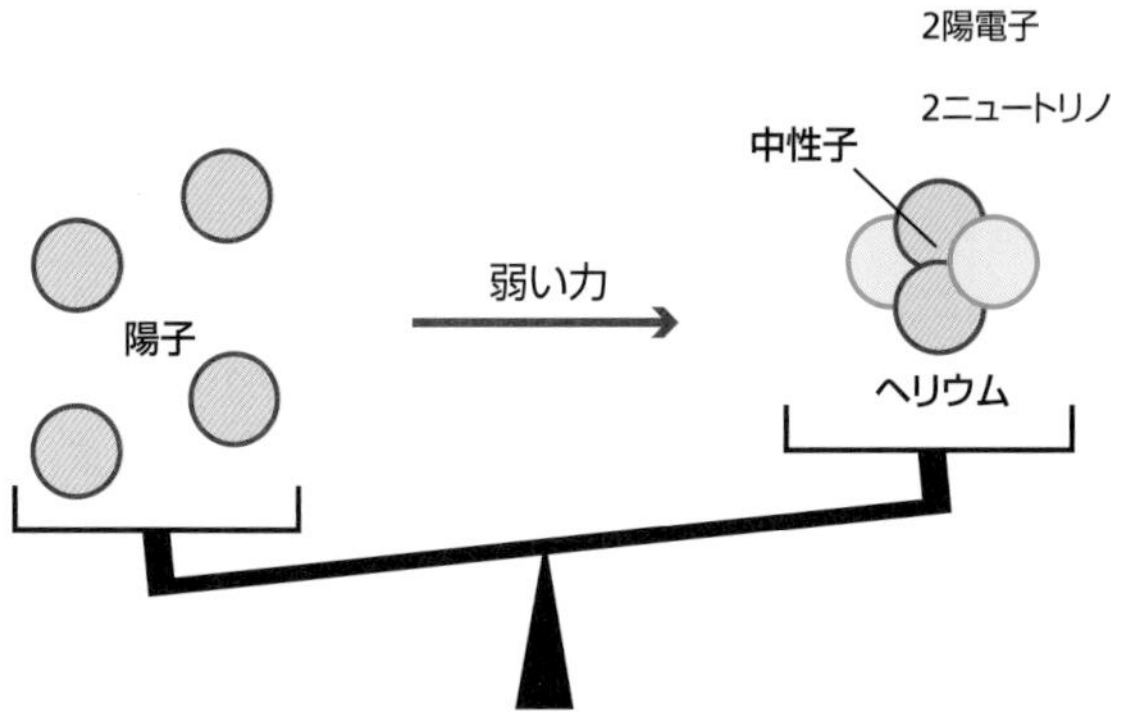

[1-5]太陽の中で起きている核融合反応

えられています。

太陽がそんなに「長持ち」するのは、核融合反応によってエネルギーを生み出しているからです。核融合とは、原子核がくっついて重い元素が作られること。太陽では、水素の原子核である陽子が4個くっついて、ヘリウムを作り出しています。

ヘリウムは風船にも入っているので、馴《な》染《じ》み深い元素のひとつですが、以前は地球上で見つからず、太陽にだけ大量に存在する元素だと思われていました。ヘリウムの「ヘリ」は、太陽を意味する「ヘリオス」というギリシャ語から来ています。

ところで、陽子を4個くっつけただけでは、ヘリウムになりません。ヘリウムの原子核は、陽子2個と中性子2個です。つまり、4個の陽子のうち2個を、中性子に変えなければいけません。そこで働くのが、「弱い力」という力です。自然界には、重力、電磁気力、強い力、弱い力という「４つの力」が存在するのですが、それについては後ほどあらためて説明しましょう。ここではとりあえず、粒子の種類を変えてしまう「弱い力」というものがあるのだと思ってください。

さて、弱い力の働きで陽子が中性子になり、ヘリウムの原子核が作られると、陽電子（電子の反粒子。正の電荷を持つ）とニュートリノという副産物が２個ずつ生じます。これも一般的にはあまり馴染みのない粒子ですが、これも、そういうものがあるのだと思っていただきましょう。ここで大事なのは、「ヘリウムの原子核＋陽電子２個＋ニュートリノ２個」の合計質量が、陽子４個分の質量よりも少なくなっていることです。

これは、実に不思議な現象です。

たとえば自動車を組み立てるとき、使った部品全体の重さと完成品の重さは変わらないでしょう。もし重量が減っていたら、何か部品を組み込むのを忘れたに違いありません。この核融合反応でも、質量が減っている以上、何かが失われているはずです。

実は、そこで失われているのが、エネルギーにほかなりません。エネルギーが失われたことで、質量が減る――これまた不思議な話ですが、それが決して手品でも魔法でもないことを示したのが、あのアルベルト・アインシュタインでした。特殊相対性理論に出てくる「$E=mc^2$」

という有名な式がそれです。

アインシュタインはこの式で、エネルギー（E）と質量（m）が入れ替わることができて、本質的に同じものだという驚くべき真実を明らかにしました。しかも光速（c）は秒速約30万キロメートルという大きな数字ですから、わずかな質量が莫大なエネルギーに変換されることになります。

だから太陽は石炭や石油を燃やすよりもはるかに長持ちするのですが、質量をエネルギーに変えて放出しているので、核融合反応も永遠に続くわけではありません。太陽は、そのエネルギーを出すために、毎秒40億キログラムも質量を減らしています。まさに骨身を削って私たちに大いなる恵みを与えてくれているのですが、核融合の原料である水素を使い果たせば、もう燃えることはできません。

すると、どうなるか。水素を使い果たしてエネルギーを放出できなくなると、太陽は外側に向かう圧力を失うので、自分の重力によって中心部が潰れていきます（重力崩壊）。さらに、その反動によって外側がどんどん広がってゆく。そのサイズは、地球の軌道ほどになると予想されています。太陽のエネルギーがなくなった時点で地球上の生命は存続できませんが、この膨張によって、地球そのものも飲み込まれてなくなってしまうか、迫りくる太陽の表面に焼き尽くされてしまうでしょう。

恐ろしい話ですが、もちろん、これは近い将来の話ではありません。太陽が燃え尽きるのは、およそ50億年後だと考えられています。それまで人類が生き残っていれば、地球を脱出して別の惑星に移住するだけのテクノロジーを持っていることでしょう。

オリオン座のベテルギウスは「もう死んでいる」？

宇宙の星（いわゆる恒星）は、すべて太陽と同じ仕組みで光っています。したがって、永遠に光り続ける星はありません。どの星も、いつかはその生涯を終えます。

写真［1－6］は、その形から「猫目星雲」と呼ばれる天体です。もちろん、本当は「雲」ではありません。核融合反応の燃料を使い果たして、生涯を終えつつある星の姿です。

ここにはおそらく2つの星があるのだと考えられていますが、本当のところはわかりません。いずれにしろ、これが50億年後の太陽の姿だと思っていいでしょう。そのとき地球は、このように大きく広がったガスの中に飲み込まれてしまうわけです。

ただし、星の最期はどれも同じではありません。星の大きさによって違います。太陽ぐらいの星は、膨張して「赤色巨星《せきしょくきょせい》」という状態になり、その中心部には「白色矮星《はくしょくわいせい》」という小さな「燃えカス」の天体が残ります。

それに対して、太陽の8～20倍ぐらいある星の場合、重力崩壊の反動も大きいので、赤色巨

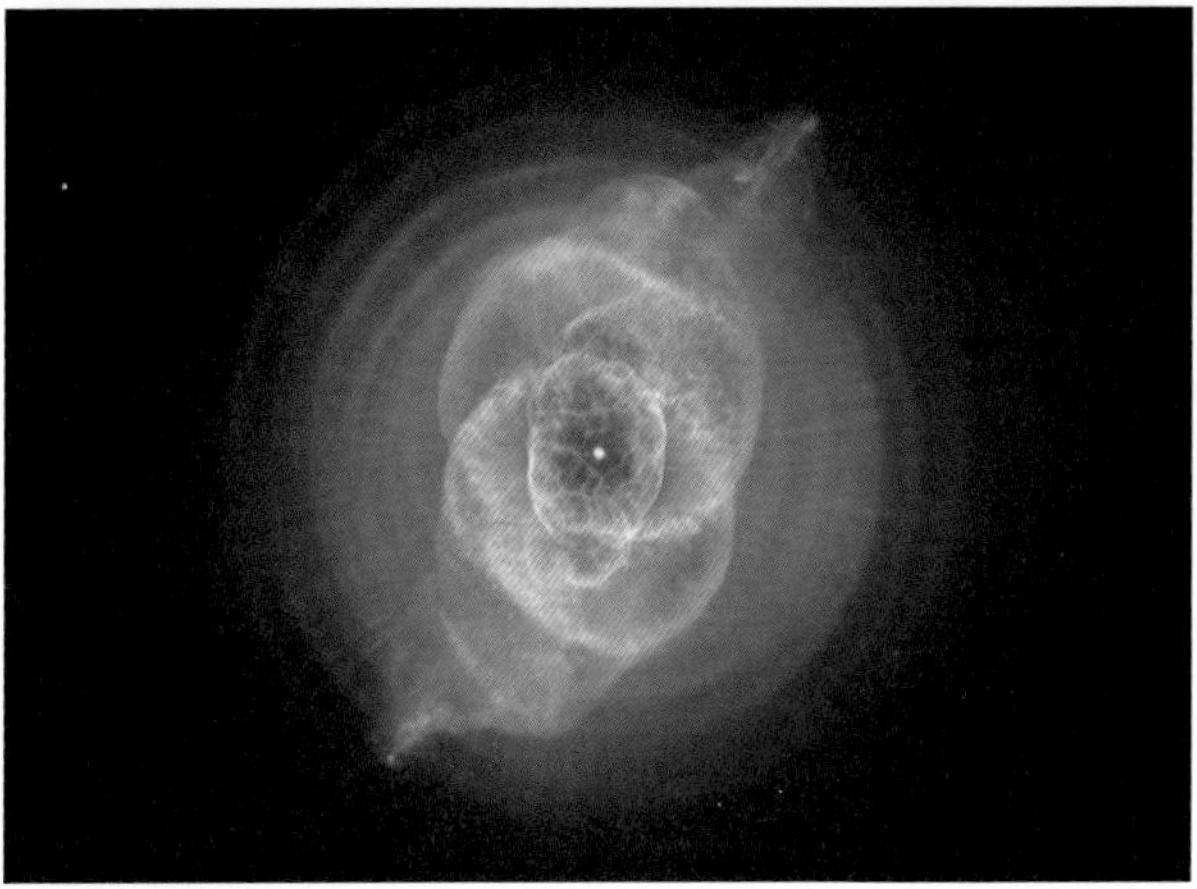

［1-6］**猫目星雲**

Credit : NASA and the Space Telescope Science Institute (STScl)

星になった後で「超新星爆発」という激しい現象を起こします。写真［１－７］は、もうじきその爆発を起こすと思われるベテルギウスという星です。オリオン座の左肩にあるので、夜空を見上げればすぐに見つけられるでしょう。ほかの星より赤く明るいので、肉眼でも赤色超巨星だとわかる状態になっています。

　ベテルギウスの質量は、太陽の20倍程度。地球からの距離は、５５０光年。ベテルギウスから放たれる光は秒速30万キロメートルの光速で５５０年かかって、ようやく地球に到達します。つまり、私たちが見ているベテルギウスの姿は、５５０年前のものということです。もしかしたら、もう超新星爆発を起こしているかもしれません。

　そのベテルギウスの表面を拡大して観測した

［1-7］**オリオン座のベテルギウス**

Credit : Stéphane Guisard, http://sguisard.astrosurf.com

のが、写真［1－8］です。黄色と白が縞模様になっているのがわかるでしょう。この色の違いは、温度の違いを表しています。色が白いのが温度が高いところですが、ベテルギウスの表面の温度がこのように違うわけではありません。

光の波長は、観測者に近づくときには短くなります。これは、音のドップラー効果と同じことです。救急車のサイレンの音が、自分に近づくと高くなる（＝波長が短くなる）のと同様、光源が近づいてくると波長が短くなり、温度が高くなったように見えるのです。

では、ベテルギウスの表面では何が起きているのか。この縞模様は、星の表面が波打って、出たり引っ込んだりしていることを意味しています。こちらに向かって出てきた部分は温度が高く観測され、引っ込んだ部分は低く観測され

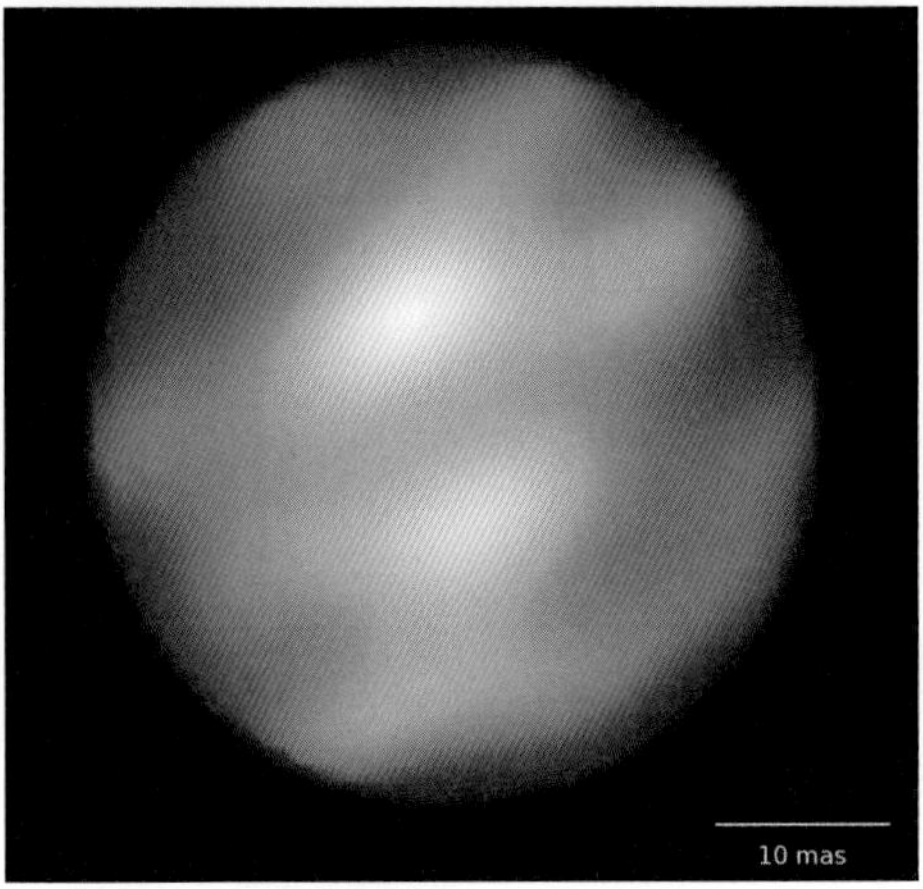

[1-8] **ベテルギウスの表面**

Credit : Xavier Haubois (Observatoire de Paris) et al.

る。つまりベテルギウスは脈打っているわけです。

２０２０年初めには、ベテルギウスが目に見えて暗くなりました。ベテルギウスの明るさは星の伸び縮みする振動で変動するのですが、このときは観測史上いちばんの暗さで、肉眼でも暗くなったのがわかりました。これは大爆発の前兆か、と騒ぎになりました。

『北斗の拳』という漫画では、主人公のケンシロウに「あたたたたーっ！」と攻撃され、「おまえはもう死んでいる」と宣告された相手の体が、しばらくするとドクンドクンと脈打ち始めます。いまのベテルギウスは、それに似た状態でしょう。

そのベテルギウスが「ひでぶっ！」と爆発するのは、明日かもしれないし、１万年後かもしれません。いずれにしろ、宇宙の長いタイムスケールから見れば「この後すぐ」のことなので、「おまえはもう死んでいる」も同然の状態といえるでしょう。

藤原定家が書き残した１０５４年の超新星爆発

もしベテルギウスが超新星爆発を起こしたら、誰もが大異変に気づくでしょう。いまは夜空でしか見えない星が満月よりも明るく光り、昼間でも見えるようになるからです。

それでは次に、実際に超新星爆発を起こした星がどんな状態になるのかを見てみましょう。写真［１－９］の「かに星雲」がそれです。大きく広がったガスは、超新星爆発後の残骸にほかなりません。

この超新星爆発は、１０５４年に起きました。かに星雲は地球から約７０００光年離れているので、実際に起きたのはその７０００年前。ヨーロッパは中石器時代、日本列島は縄文時代です。爆発と同時に光が地球に届いたら、それが記録に残ることはなかったでしょう。北アフリカの砂漠化が始まったり、洪水で黒海ができたりしたのが紀元前５６００年ごろだといわれているそうですから、地球もいろいろ大変な時期でした。仮に文字が生まれていたとしても、空の出来事を記録する余裕はなかったかもしれません。

しかし７０００年後に光が届いたので、この異常な現象が１０５４年に観測されたことをき

［1-9］**かに星雲**

Credit : NASA, ESA, J. Hester and A. Loll (Arizona State University)

ちんと文書に書き残す人がいました。実は、それは日本人です。藤原定家の書いた『明月記』に、陰陽師・安倍泰俊から聞いた話として、天喜２年（１０５４年）に、木星のように輝く星が現れたことが記録されているのです。

『明月記』では、そのような星のことを「客星」と呼んでいます［１－10］。星などなかったところに、急なお客さんのように現れるからでしょう。それが見えた方向も書かれており、１０５４年の「客星」がかに星雲であることは間違いありません。

１０５４年の「客星」は中国の『宋会要』という書物にも登場します。ここでは金星のように明るく、昼間でも23日間にわたって観測できたと記されています。

このような超新星爆発を起こした場合、その

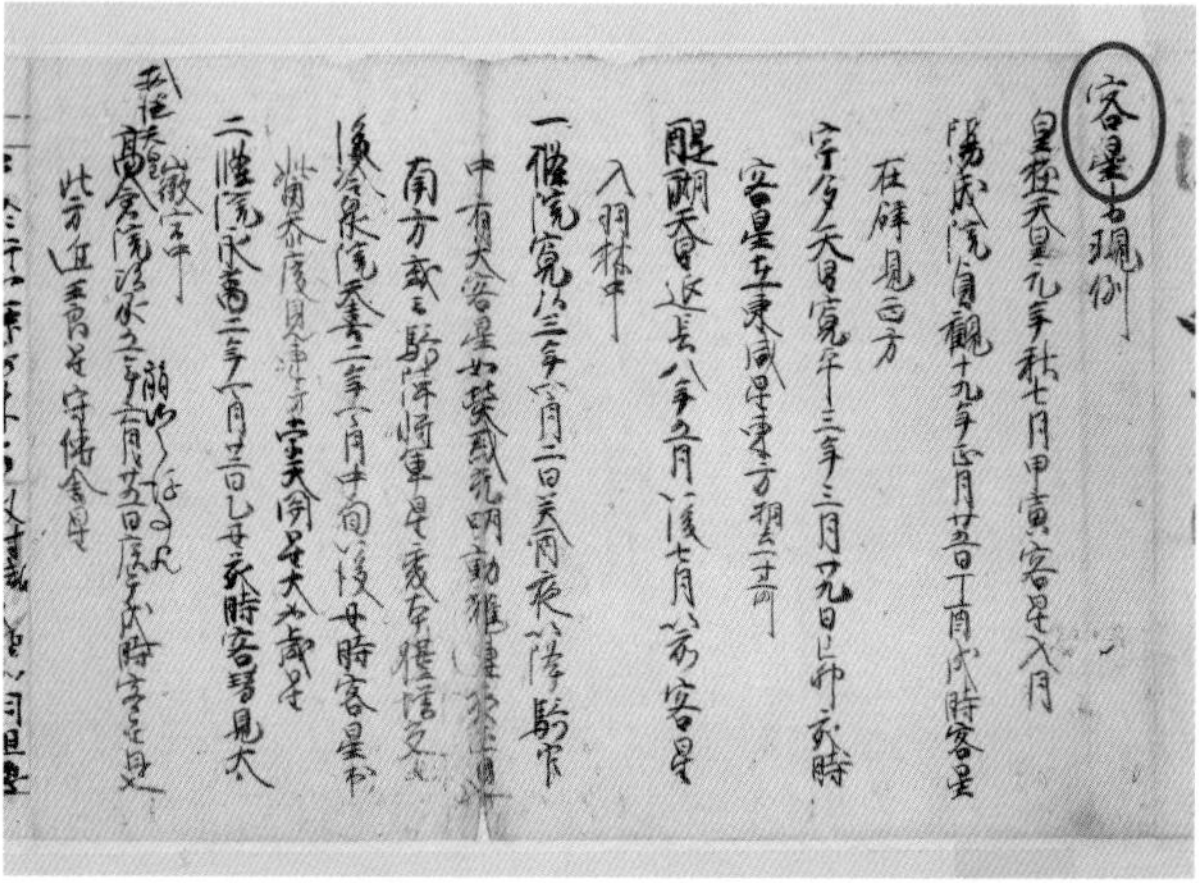
客星出現例
皇極天皇元年秋七月甲寅　客星入月
陽成院貞観十九年正月廿五日丁酉戌時客星
在辟見西方
宇多天皇寛平三年三月廿九日己卯亥時
客星在東咸星東方相去一寸許
醍醐天皇延長八年五月ノ後七月八日客星
入羽林中
一條院寛弘三年四月二日癸酉夜以降騎官
中有大客星如熒惑光明動耀連夜正見
南方或云騎陣将軍星変本體増光歟
後冷泉院天喜二年四月中旬以後丑時客星出
觜参度見東方　孛天関星大如歳星
二條院永萬二年四月廿日己丑戌時客星見大
微宮中
高倉院治承五年六月廿五日庚午戌時客星見
北方近王良守傳舎星

［1-10］**1054年の超新星爆発についての記述がある『明月記』**
写真提供：冷泉家時雨亭文庫

星の最期の姿には2つの種類があります。ひとつは、「中性子星」と呼ばれるものです。きわめて高い密度に圧縮されるため、陽子が電子を吸い込んで中性子になるのです。

　中性子は電荷がないので、そこでは電気の反発力が生じません。たとえば地球が現在のサイズを維持していられるのは、電気の反発力で重力を押し返しているからです。中性子星にはそれがないので、ますます重力による圧縮が進みます。ものすごい密度になり、スプーン1杯でエベレスト山ほどの重さになります。

　その結果、質量は大きいのに、直径は小さい星ができあがります。質量は太陽と同じぐらいあるのに、直径は10キロメートル程度しかないのが中性子星の特徴です。ベテルギウスの質量は太陽の20倍程度なので、爆発後はこの中性子星になるでしょう。

それより重い星が超新星爆発を起こした場合、中性子星よりも高密度な天体になります。その重力があまりに強いため、周囲のあらゆる物質を引き寄せ、光さえもそこから脱出できません。もう、おわかりでしょう。太陽の20倍より大きな星は、ブラックホールとなって生涯を終えるのです。でもブラックホールなんて本当にあるのでしょうか。

2つのブラックホール合体の瞬間をキャッチせよ！

ブラックホールは魔の天体。中に入ったら最後です。決して出てこられません。

地面に立ってボールを上に投げると思ってください。私が投げたボールは、すぐ地球の重力に引っ張られて落ちてきます。大谷翔平選手が投げる時速１６５キロの豪速球だと１００メートルくらいまで上がりますが、それでも落ちてきます。

地球の重力を振り切るには、ロケットであれば、脱出速度時速４万キロが必要です。地球よりも重力が強い天体だと、もっと速く打ち上げないと脱出できません。ところが、もっと重力が強くなって必要な脱出速度が光の速さになってしまうと、光速よりも速いものはないので、脱出することは決してできなくなります。これがブラックホールです。

光の速度は超えられないので、光ですら出られない。つまり、ブラックホールを「見る」ことはできないということです。

アインシュタインによれば、重力とは「空間の曲がり」です。重い天体は、トランポリンに置いた砲丸が布を沈めるように空間を曲げます。その周りにピンポン球を転がすと、ピンポン球は、まっすぐ転がろうとしても布が曲がっているのでまっすぐ進めず、砲丸の周りを回り始め、摩擦のためいずれは砲丸のところまで落ち込んでしまいます。摩擦がないので太陽の周りを回り続ける地球も、ピサの斜塔から落とすボールも、アインシュタインによれば、このピンポン球と同じです。

だとすると、空間もトランポリンの布と同じように揺れてもいいはずです。砲丸をトランポリンに投げ込むと、まずはぐっと沈んで、その後ぐわんぐわんと揺れます。あまりに重い砲丸をトランポリンに乗せると、底が抜けてしまうでしょう。それがブラックホールです。

砲丸2つを両側から入れると、布が沈みながら2つの砲丸が一緒にぐるぐる回ります。回りながら布をゆらゆらと揺すり、だんだんと落ち込んでいきます。

ブラックホールが2つあると、砲丸と同じで周りの空間を揺すります。空間が曲がっているのが重力、揺すられて曲がり具合が空間を伝わるのが重力の波、「重力波」です。アインシュタインは重力波の存在を1916年に予言しました。しかし、宇宙空間はトランポリンの布のように柔らかくなく、揺れ具合はごくわずかであるため、100年間見つかりませんでした。

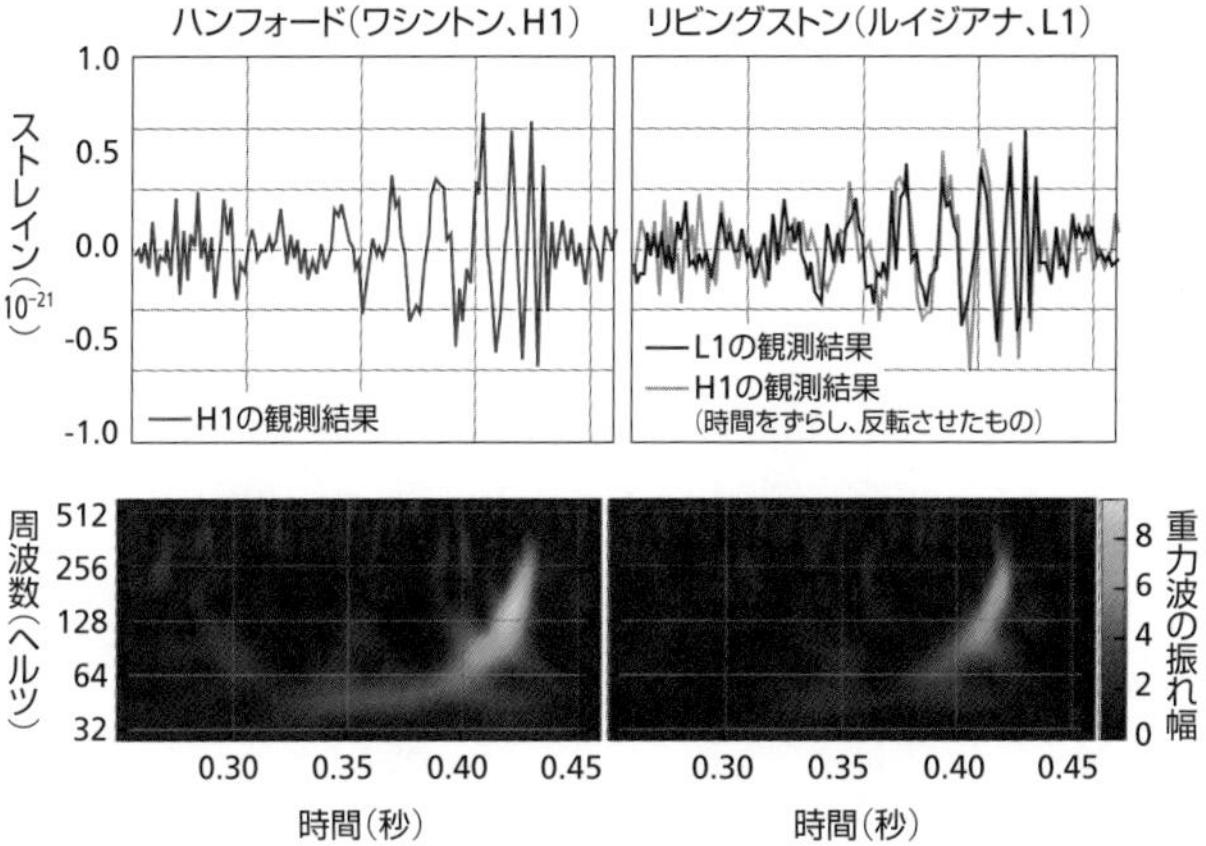

[1-11] **2つのブラックホールの合体による重力波の観測データ（2015年9月14日）**
Observation of Gravitational Waves from a Binary Black Hole Merger/B. P. Abbott et al. (LIGO Scientific Collaboration and Virgo Collaboration)/Phys. Rev. Lett. 116, 061102

そして2015年9月14日、ついにこのアインシュタインの宿題が解けました。2つのブラックホールが合体したことで生じた重力波（原子の大きさの1億分の1というわずかな空間の揺れ）を観測したのです。アメリカのLIGO（レーザー干渉計による重力波観測所）という装置です。重力波は、ルイジアナ州にあるリビングストンとワシントン州にあるハンフォードの2カ所の検出器で観測されたため、きわめて信憑性が高く、2017年には観測を率いた3人の研究者にノーベル物理学賞が与えられました。

約13億光年離れた銀河で、太陽の36倍の重さのブラックホールと太陽の29倍の重さのブラックホールがお互いの周りをぐるぐると回っていました。回りながら空間をゆさゆさと揺すります。だんだん落ち込むにつれ、さらに速く、激しく空間を揺すります。そして２つのブラックホールは最後には合体し、ひとつのブラックホールとなりました。

合体したブラックホールは、太陽の62倍の重さでした。36＋29＝65なので、算数が間違っているのでしょうか？

いえ、このとき、実は太陽３個分の重さに相当するエネルギーが重力波として宇宙空間を揺すり、$E=mc^2$で、放出されたエネルギー分の質量がなくなっていたのです。とんでもない現象です。

もし私たちの耳の鼓膜がこれをとらえるほどの感度があれば、最初はゆっくりした振動の周波数の低い音が「ウー」と聞こえ、その後だんだん周波数が高くなり、「ヒューウッ」と鳥のさえずりのように聞こえた後、プツッと途切れて「シーン」とした静寂が訪れます。

このブラックホール合体の音はYouTubeで聞くことができます（The Sound of Two Black Holes Colliding)。

新しい星が生まれる「創造の柱」や「神秘の山」

星が爆発して生涯を終えるのは寂しいことですが、その「死」は決して無駄にはなりません。

実は、私たちの体がさまざまな元素から成り立っているのは、信じられないかもしれませんが、超新星爆発のおかげです。

宇宙がビッグバンによって始まったとき、炭素、酸素、窒素、鉄、カルシウム……などの元素は存在しませんでした。あったのは、水素とヘリウムです。それだけでは、地球もそこにすむ生命も作れません。

炭素や酸素のような重い元素は、宇宙空間ではほとんど合成されず、星の内部で作られました。先ほど、太陽の内部で水素の原子核（陽子）からヘリウムが作られる話をしましたが、大きな星の中でその核融合がさらに進むと、もっと重い元素も合成されるのです。

しかし、いくら重い元素が作られても、星の内部に閉じ込められていたのでは、それを使って物質を作ることはできません。さまざまな元素を作り出した星が爆発することによって、それが宇宙空間にバラ撒かれるのです。それが再び重力によって集まり、また新しい星が生まれる。「超新星」は名前とは裏腹な古い星ですが、その爆発はたしかに「新しい星」の材料を次世代に残していることになります。

その次世代の星は最初から重い元素を持っているので、そこからさらに重い元素をたくさん作ることができるでしょう。私たちの太陽は、そうやって生まれた「3代目」の星だと考えられています。

［1-12］「わし星雲」の一部を拡大した「創造の柱」
Credit : NASA, ESA, and the Hubble Heritage Team (STScI/AURA)

そのため太陽には、最初から炭素や鉄やカルシウムなどがふんだんにありました。したがって、太陽系の惑星である地球にもそうした元素がたくさん存在し、そのおかげで私たちの体も作られているのです。自分の体が「星屑」でできているのかと思うと、かに星雲の写真も単に遠い宇宙で起きたイベントには見えません。私たちのルーツも、このような大爆発だったはずなのです。

では、超新星爆発でバラ撒かれた物質は、どのように再び集まるのか。その様子がわかるのが、写真［1－12］です。「わし星雲」の一部を拡大したもので、「創造の柱」と名付けられました。宇宙空間にフワフワと漂っていた塵《ちり》が集まり、柱のような形になっています。全体は向こう側にある星の陰になって黒っぽくなって

［1-13］**馬頭星雲**　Credit : ESO/J. Emerson/VISTA

いますが、よく見ると、ところどころにチラチラと明るい部分がある。それが、塵が集まって生まれた星の光にほかなりません。「創造の柱」という名のとおり、ここは新しい星を生み出すゆりかごのような場所なのです。

宇宙には、このような場所がほかにもたくさんあります。たとえばオリオン座にある「馬頭星雲」も、そのひとつ（写真［1－13］）。大きな塵の集まりの中に、生まれたばかりの星が光っているのを見ることができます。

りゅうこつ座にある「イータカリーナ星雲」は、南半球の高緯度地域でしか見ることができませんが、その一部を拡大した写真［1－14］は、宇宙が見せる表情の中でもきわめつきの美しさといえるでしょう。ハッブル宇宙望遠鏡が2010年に撮影したこの柱は、「神秘の山

［1-14］イータカリーナ星雲
Credit : NASA, ESA, M. Livio and the Hubble 20th Anniversary Team (STScI)

（ミスティック・マウンテン）」と名付けられました。

　もうひとつ、新しい星を生む星雲を紹介しておきましょう。「創造の柱」や「神秘の山」と比べるとやや地味ですが、その名前を聞けば、ちょっと胸がワクワクする世代の人もいると思います。これは、あのウルトラマンの故郷として有名な「M78星雲」です［1－15］。もっとも、ウルトラマンの「光の国」は地球から３００万光年先にあることになっているので、ここではないかもしれません。本物のM78星雲は、地球から約１５００光年しか離れていないからです。

回転花火、ソンブレロ、さまざまな形の銀河たち

[1-15]**M78星雲**　Credit : ESO/Igor Chekalin

もしM78星雲が３００万光年も離れていたら、このように細部までわかる写真を撮ることはできないでしょう。ここまで見てきた星雲は、いずれも地球と同じ銀河系（天の川銀河）の中に存在するものです。銀河系の直径は、８万〜10万光年程度。「光の国」が３００万光年も離れたところにあるとすると、ウルトラマンは銀河系のはるか外から地球にやって来たことになります。

　観測技術の発達によって、いまは銀河系の姿もわかるようになりました［1－16］。外から観察することはできないので、これを知るのは容易ではありません。天文学者たちが多くの星の位置をひとつひとつ正確に調べることで、このような図が描けるようになったのです。その結果、私たちの太陽系は銀河系の中心部から２

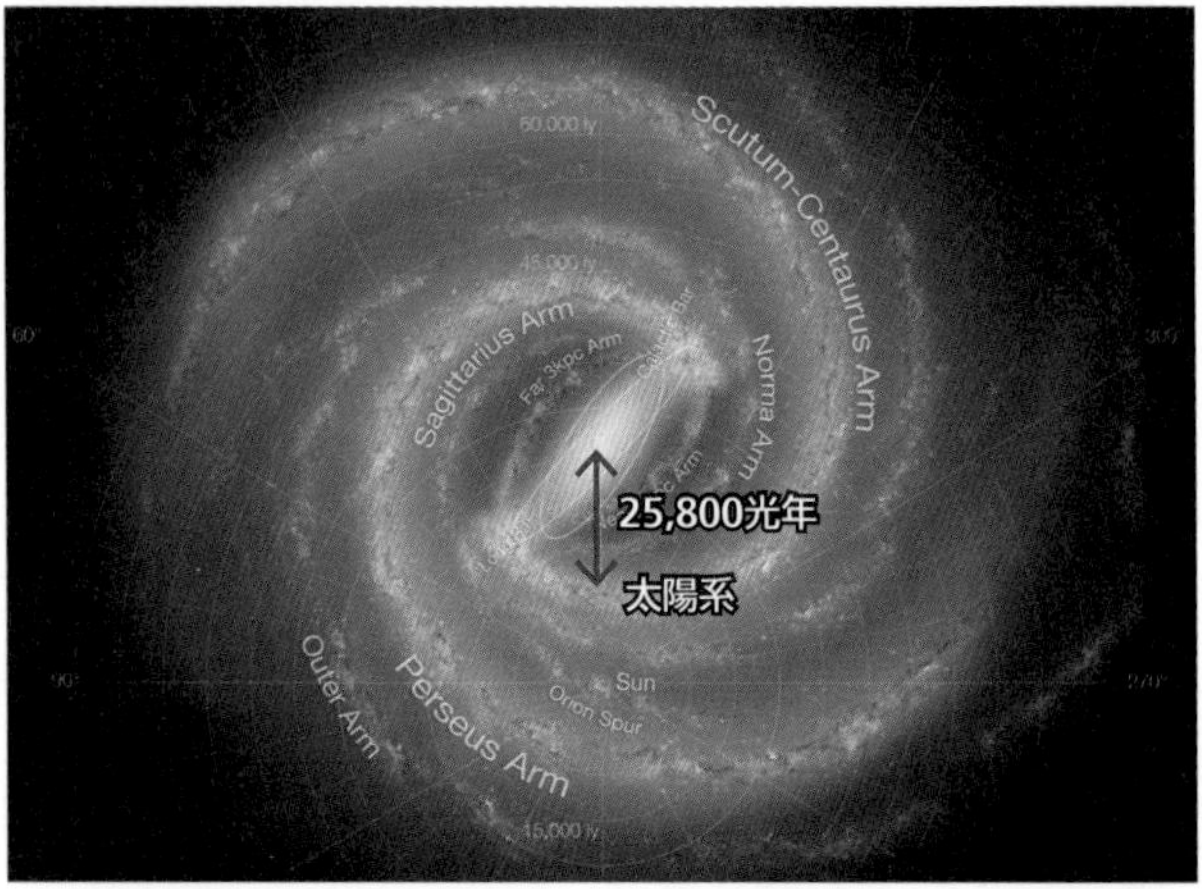

［1-16］**銀河系の姿（イメージ）**　Credit : NASA/JPL-Caltech/ESO/R. Hurt

万5800光年ほど離れた位置にあることもわかりました。その私たちの位置から、この渦巻き銀河を水平方向に見たのが、夜空を流れる天の川です。

宇宙にはこのような銀河がたくさんありますが、その形は一様ではありません（ちなみに天の川銀河のことは「銀河系」、それ以外は「銀河」と呼びます）。銀河系より大きく、銀河系からいちばん近くにある銀河は、およそ250万光年離れたアンドロメダ銀河［1−17］です。私たちの銀河系は中心部がラグビーボールのような形をしていて（これを「バー」と呼びます）、その外側には渦を巻く「腕」があります。

アンドロメダ銀河の中心部は丸く膨らんだ形になっており、こちらは「バルジ」と呼ばれます。その周りにお好み焼きのように薄く広がっ

[1-17] **アンドロメダ銀河** Credit : HSC Collaboration / Kavli IPMU

[1-18] **NGC1300**
Credit : NASA, ESA, and The Hubble Heritage Team (STScI/AURA)

ている部分は「ディスク（円盤）」です。ひじょうに均整の取れた美しい銀河だと思います。

一方、銀河系よりも中心部のバーがはるかに大きく、渦を巻く「腕」が小さいのが、写真［1－18］の銀河。また、「回転花火銀河」と呼ばれる写真［1－19］のほうは、たまたま真上から見られる角度なので、渦巻きの構造がよくわかります。

一方、たまたま渦巻きをほぼ真横から見られるのが、写真［1－20］の銀河です。メキシコの伝統的な帽子に似ているので、「ソンブレロ銀河」と呼ばれています。写真［1－21］も、かみのけ座にある渦巻銀河（ＮＧＣ４５６５）で名前はついていませんが、ちょうど真横から見える銀河のひとつ。ディスクの部分は塵が多くて黒っぽく見えるので、中央のバルジの膨らみ具合がよくわかります。

ここまで見てきた銀河はいずれも円盤型でしたが、すべての銀河がきれいな円を描くわけではありません。バルジやバーや腕などの構造を持たない「楕円銀河」もたくさんあります。写真［1－22］は、乙女座にある楕円銀河で、直径は約12万光年。直径は私たちの銀河系より少し大きいぐらいですが、全体が丸みを帯びた形をしているので、体積は銀河系の何倍も大きくなります。

ちなみにこの楕円銀河の名前は「M87」。ウルトラマンの故郷である「M78星雲」とよく似ているので調べてみたところ、あのドラマの台本ではもともと「M87」と書かれていたのが、

[1-19]**回転花火銀河** Credit : Pablo Carlos Budassi

[1-20]**ソンブレロ銀河**
Credit : NASA/ESA and The Hubble Heritage Team (STScI/AURA)

[1-21]**NGC4565**

Credit : Adam Block/Mount Lemmon SkyCenter/University of Arizona

[1-22]**楕円銀河M87**

Credit : NASA, ESA, and The Hubble Heritage Team (STScI/AURA)

途中で「M78」にミスプリントされた――という説もあるようです。しかしこちらは、地球からの距離が５３５０万光年。本物の「M78」は１５００光年でウルトラマンの設定より近すぎますが、「M87」のほうは設定より遠すぎます。どちらが本当の「光の国」なのかは、永遠の謎なのでしょう。このM87銀河はまた後で登場します。

私たちの銀河系はいずれアンドロメダ銀河と衝突

銀河はたくさんの星の集まりですから、全体としてはかなり強い重力を持っています。近くに別の銀河があれば、お互いに影響を及ぼさずにはいられません。重力で引っ張り合った結果、銀河と銀河が衝突したり合体したりすることもあります。

たとえば、りょうけん座にある「子持ち銀河」［1－23］や、かみのけ座にある「マウス銀河」［1－24］を見ると、それぞれ２つの銀河が衝突寸前の距離まで接近しているのがわかるでしょう。どちらも、いずれは合体してひとつの銀河になると思われます。

その距離がさらに近づいて、すでに合体を始めた状態だと思われるのが、写真［1－25］の銀河。ハートマークにリボンがついているような可愛らしいルックスで、「触角銀河」と呼ばれています。たしかに、２方向に伸びた尾が昆虫の触角のように見えなくもありません。合体する先頭集団から置いてけぼりにされた星たちが、それぞれこのような尾を形成しているので

[1-23]**子持ち銀河**
Credit : S. Beckwith (STScI), the Hubble Heritage Team, (STScI/AURA), ESA, NASA

[1-24]**マウス銀河** Credit : Pablo Carlos Budassi

[1-25]**触角銀河**　Credit : Bob and Bill Twardy/Adam Block/NOAO/AURA/NSF

[1-26]**触角銀河の中心部**
Credit : NASA, ESA, and the Hubble Heritage Team (STScI/AURA)

しょう。
　その触角銀河の中心部にズームインしたのが、写真［1－26］。青白くキラキラと光る星たちが、実にきれいです。これは、銀河同士の衝突によって生まれた新しい星です。生まれたばかりの星は元気で温度が高いので、青白く光ります。ひとつの銀河がずっとそのままでいると、徐々に高齢化して暗くなっていくのですが、ほかの銀河と衝突すると、それまで静かにしていたガスが激しくかき回されて、新しい星が生まれます。人間も、ひとりで過ごすより多くの人たちと交わったほうが元気になるものですが、銀河もほかと交わることで「若返る」のだといえるでしょう。

　実は、宇宙にもベビーブームがありました。現在宇宙にある星の半数以上は、いまから１００億年ほど前に生まれたものです。その後は出生率が下がり、少子高齢化が進んでいます。ですが、こうした銀河の衝突・合体のおかげで、いまだに新しい星が生まれ続けています。

　そして、銀河の衝突・合体は私たちの銀河系にもいずれ起こると予想されています。合体の相手は、もちろんいちばん近いアンドロメダ銀河です。およそ２５０万光年の距離があるとはいえ、宇宙のスケールから見れば「お隣さん」です。私たちが見ているアンドロメダ銀河はおよそ２５０万年前の姿ですが、よほどのことがないかぎり、現在もそこにあるでしょう。

　この２つの銀河がお互いに重力で引っ張り合うと、どうなるか。それぞれの質量などもわか

[1-27] **天の川銀河とアンドロメダ銀河の衝突シミュレーション図（右側が天の川銀河）**
Credits : NASA; ESA; Z. Levay and R. van der Marel, STScI;T. Hallas; and A. Mellinger

っているので、いまはその様子をコンピュータでシミュレーションすることができます。心配なのは星同士が衝突することですが、銀河内は星が密集しているとはいえ何光年もの隙間があるので、よほど運が悪くないかぎり、銀河系の星とアンドロメダ銀河の星がぶつかることはないでしょう。計算上は、太陽系も無事です。

ともかく、２つの銀河が合体することで、星の密度が高まるのは間違いありません。それによって銀河の形状も変わり、バルジやバーやディスクなどのない楕円銀河になると予想されています。先ほど紹介した楕円銀河も、おそらく複数の銀河が合体したものなのでしょう。

銀河が合体すれば、当然、地球から見える夜空も一変します。それも、コンピュータ・シミュレーションができるようになりました。いまは遠

[1-28]**ステファンの五つ子**

Credit : NASA, ESA, and the Hubble SM4 ERO Team

くにある星雲のようにしか見えないアンドロメダ銀河が、近づくにつれて徐々に大きくなる。そして、いよいよ衝突が始まったときに夜空がどうなるかをシミュレーションしたのが、［1－27］の予想図です。動画はYouTubeで見ることができます（Milky Way's Head on Collision）。「満天の星」がさらに倍増するのですから、想像を絶する美しさでしょう。最終的には楕円銀河になるので、どちらを見ても「天の川」がなく、大きな星の塊が見えるはずです。

これを見るために、できることなら、あと40億年ほど長生きしたいものです。もっとも、そのころには太陽の膨張に備えて脱出計画を本格化させなければいけないかもしれませんが……。

ちなみに、重力で引っ張り合って合体する銀河は、２つとはかぎりません。「ステファンの五つ子」と呼ばれる銀河の集団を見てください［1－28］。真ん中の銀河はすでに２つが合体しているので、もともとは５つの銀河に分かれていました。それが、いつかは合体してひとつの楕円銀河になる。そこでどんな夜空が見られるようになるのか、考えるだけでドキドキしてきます。

ブラックホールの写真を撮ることに成功！

ブラックホールは入ってしまうと光も出ないので、直接見ることができません。ですが、２０１９年、初めてブラックホールの「写真」を撮ることに成功しました。

先ほど出てきたM87銀河は、私たちの銀河系の10倍ほど星がある大きな楕円銀河です。この銀河では、中心から高速で高エネルギーのガス「ジェット」が噴き出しています。何かとてつもないものが中心にあるに違いありません。

考えられるのは「超大質量ブラックホール」です。太陽の何十億倍もの重さのあるブラックホールの周りをガスがぐるぐる回り、落ち込むものもあれば噴き出すものもあるのだと考えられています。

大きさが太陽と地球の距離の１２０倍もある巨大なブラックホールですが、なにせ５３５０万光年先。よほど小さいものが見える望遠鏡でないと、その姿を写真に撮ることはできません。

小さいものを見るには口径が大きな望遠鏡が必要です。しかもM87銀河の中心には星や塵がたくさんあり、ふつうの光は届きません。

このような観測で使われるのが電波望遠鏡です。

車でラジオを聞いていると、ＦＭは建物の陰に入ると聞こえなくなりますが、ＡＭは大丈夫。波長の長い電波は障害物を回り込んで届くからです。これと同じで、電波を使うと星や塵を回り込んで、銀河の中心からでも信号が届きます。

電波を使って天体を見る電波望遠鏡は、地球上のいろいろなところにあります。それらをつないでひとつの地球サイズの望遠鏡として使えれば、計算上、M87の中心のブラックホールのような小さいものも見える。私の視力０・３に比べたらはるかに目がいい、視力１・４億が実現できるはずです。

そんな野心的なプロジェクトが始まり、日本も大きな貢献をしました。日本、アメリカ、カナダ、ドイツ、フランス、オランダ、スペイン、メキシコ、中国、台湾、韓国という、文字どおり地球サイズの国際協力プロジェクトです。

プロジェクトの名前は「イベント・ホライズン・テレスコープ」といいます。ブラックホールの周りの、出てこられるところともう決して出てこられないところの境目を「事象の地平線」といいます。英語ではイベント・ホライズンです。

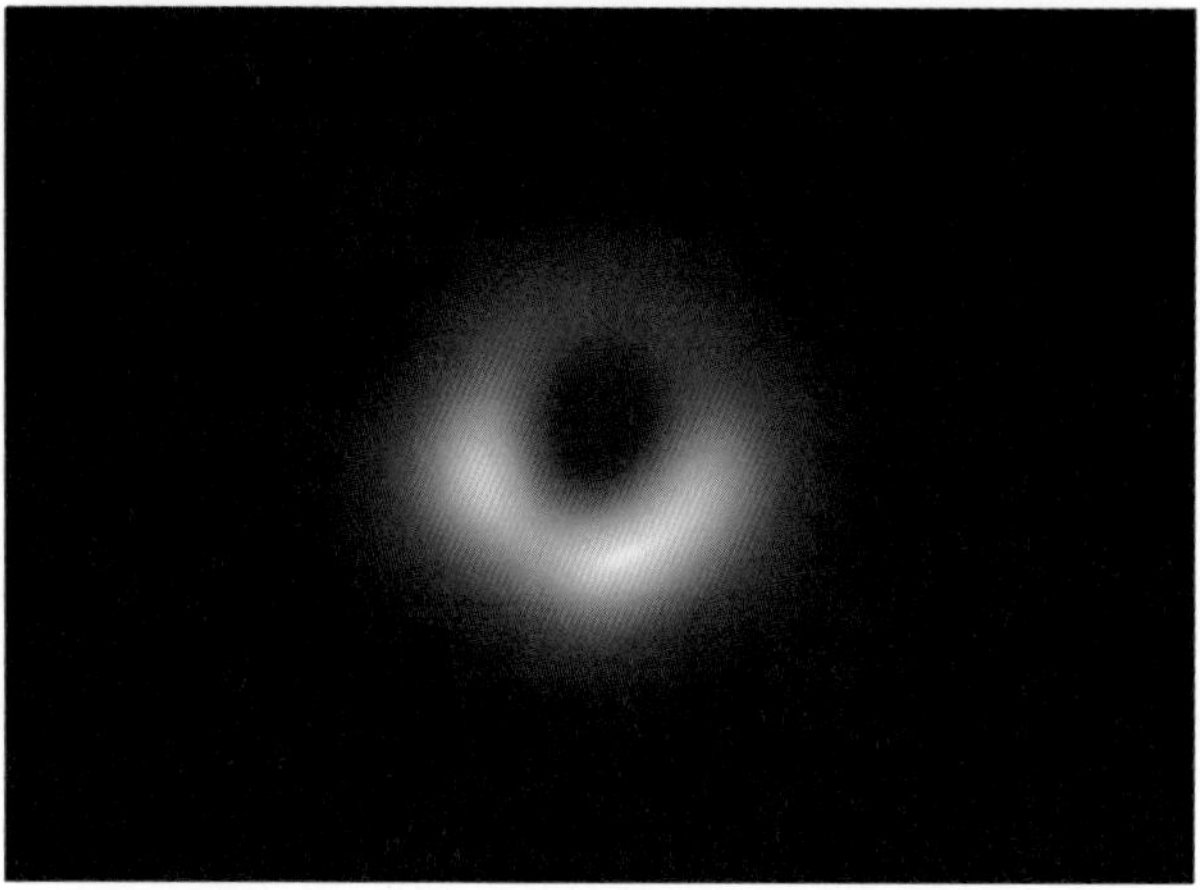

［1-29］**楕円銀河M87の中心にある巨大ブラックホールのシャドウ**

Credit : EHT Collaboration

「地平線」とは、たとえば山の上から海を見ると、地球が丸いために、あるところから向こうは見えない、この境目のことです。「事象」というのは、何かしら起きている現象のことです。「事象の地平線」とは、この境目の内側で起きたどんな事象も見ることができない境目のことです。そのイベント・ホライズンを見るテレスコープ（望遠鏡）というのが、このプロジェクトの触れ込みです。

こうして撮ったブラックホールの写真が写真［1―29］です。

周りの明るいところがブラックホールの周りを回るガス、真ん中の黒いところの縁は光がブラックホールの周りを公転してしまって出てこられなくなる「光子リング」、光子リングの内側の半径3分の2ぐらいのところに「事象の地平線」があります。写真の下半分はガスが私たちの方を向いているので明るく、上半分はガスの運動が遠ざかっているので暗く見えています。

観測の結果、このブラックホールの重さは太陽の65億倍だとわかりました。「超大質量ブラックホール」の名前を裏切らない重さです。

私たちの銀河系の中心にも、太陽の400万倍の超大質量ブラックホールがあることが、赤外線を使った天体観測でわかっています。いずれその写真も見ることができそうです。

チェシャ猫銀河の秘密は「重力レンズ効果」

次に、ちょっと奇妙な銀河の写真を見てみましょう。「チェシャ猫」と名付けられた、約46億光年先の銀河です［1－30］。ご存知のとおり、チェシャ猫とはルイス・キャロルの『不思議の国のアリス』に登場する猫のこと。いつもニヤニヤと笑っているのが特徴です。この写真も、真ん中の3つの銀河を2つの目と鼻に見立てると、周りにある弓状の光が、笑うチェシャ猫の口のように見えるでしょう。

目や鼻はふつうの楕円銀河なので、とくに不思議なことはありません。奇妙なのは、猫の「口」にあたる光です。これまで見てきたように、銀河の形はさまざまではありますが、さすがにこんな形の銀河があるとは思えません。

[1-30]**チェシャ猫と名付けられた銀河群**　Credit : NASA & ESA _Judy Schmidt

でも、これが銀河の光であることはたしかです。ただし、この場所にこんな形の銀河があるわけではありません。実をいうと、これはある謎の物質のいたずらによって、もっと後方にある銀河の光が変形してここに見えているのです。

その謎の物質は、光をまったく出さないので、私たちには見ることができません。正体もまったく不明です。そのため「暗黒物質（ダークマター）」と呼ばれるようになりました。しかし宇宙には暗黒物質がたくさんあり、とくに銀河や銀河団（銀河の集団）の領域には大量に存在することがわかっています。その未知の物質の重力を計算に入れないと、銀河の動きなどが説明できません。

そして、この「チェシャ猫」のような現象は、暗黒物質がたしかに存在することを裏付ける証

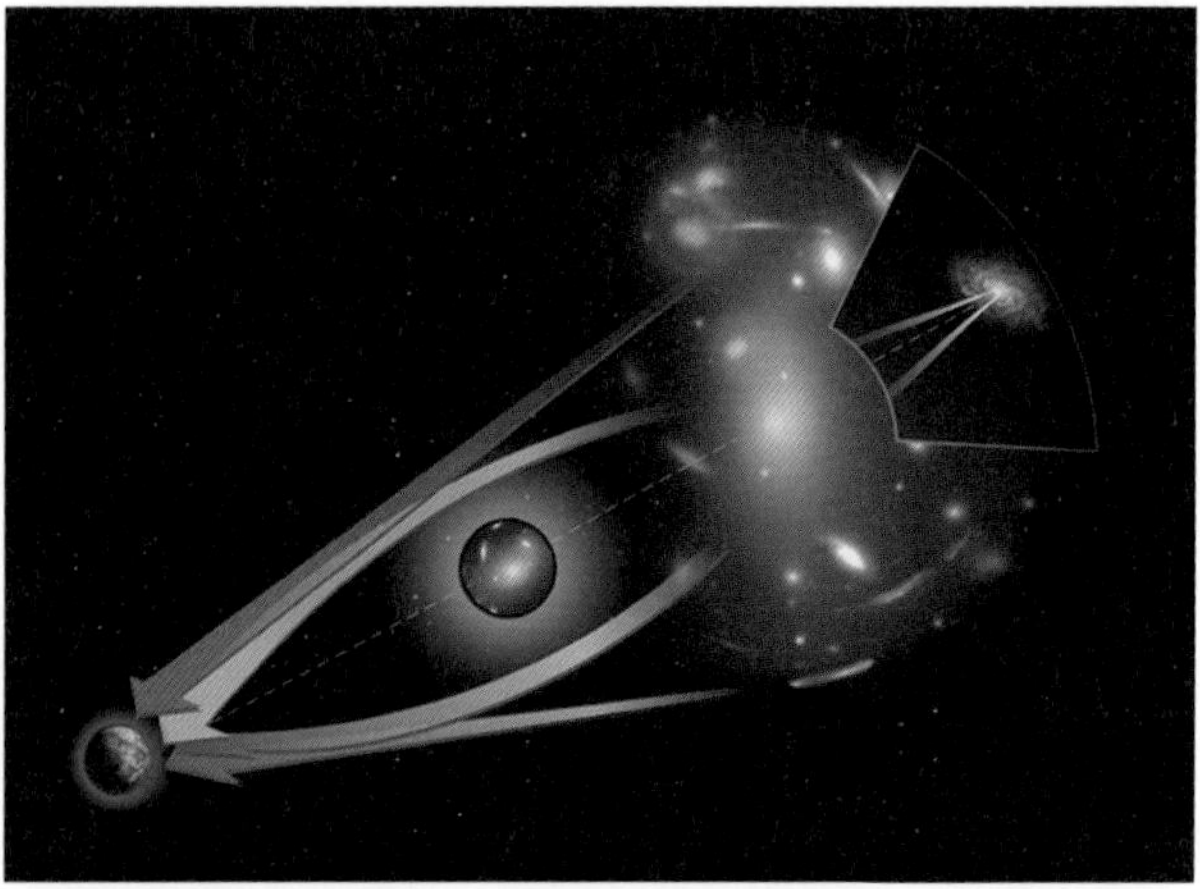

[1-31]暗黒物質による重力レンズ効果で光が曲がる現象

Credit : NASA/STScI

[1-32]銀河団内で見られる重力レンズ現象

Credit : NASA, ESA, and E. Rivera-Thorsen (Institute of Theoretical Astrophysics Oslo, Norway)

拠になりました。この光は、「目」や「鼻」に相当する銀河の裏側にある銀河の光が、暗黒物質の重力によって曲げられて、こちらに届いています［1－31］。光をこれほど曲げるには、そこにある通常の物質の重力だけでは足りません。「見えない重力源」が大量にあるから、光が大きく曲げられるのです。まるでレンズを通したように光が歪《ゆが》むので、これを「重力レンズ効果」といいます。虫眼鏡の端で文字が歪んで見えるのと同じ現象です。

これはアインシュタインがいったとおり、重力は「空間の曲がり」であることを意味しています。小学校で「真空中では光は直進する」と習いますが、直進しているはずの光が曲がってしまうのは、空間自身が曲がっているからです。

暗黒物質による重力レンズ効果で光が曲がる現象は、「チェシャ猫」だけでなく、宇宙のいたるところで観測されています。写真［1－32］の銀河団もその一例です。21億光年ほど先にある銀河団で、１００個ほどの楕円銀河が群れをなしているのですが、その合間に弓状に長く伸びた光がいくつもあるのが見えるでしょう。これも、重力レンズ効果によるものです。こうした現象がたくさん観測できるようになったことで、宇宙に暗黒物質がどのように分布しているのかも調べられるようになりました。

［1-33］**2つの銀河団が猛スピードで衝突したところ**
Credit : X-ray:NASA/CXC/M.Markevitch et al./Optical:NASA/STScI; Magellan/U.Arizona/D.Clowe et al./Lensing Map: NASA/STScI; ESO WFI; Magellan/U.Arizona/D.Clowe et al.

暗黒物質は私たちの生みのお母さん

その暗黒物質が、もっと派手な活躍をしたシーンも見ていただきましょう。写真［1－33］は、2つの銀河団が秒速4500キロメートルという猛スピードで衝突したところをとらえたものです。日本列島の端から端までたった1秒で行ける速度ですから、衝突によってすさまじい摩擦熱が発生したことでしょう。その摩擦のために、通常の物質（星やガス）は先へ進むスピードが鈍ります。

しかし、それぞれの銀河団を取り巻く暗黒物質（青く着色された部分）は、目に見えないばかりでなく、ほかの物質にまったく反応しないお化けのような物質です。暗黒物質同士も、反応しません。そのため、星やガスなどの物質を置き去りにして、どんどん先へ進んでいけるのです。美しいだけでなく、宇宙のダイナミックな表情を見せてくれる画像だと思います。

この暗黒物質は、宇宙に「チェシャ猫」を描くようないたずらをしたり、お化けのように物質をすり抜けたりするだけの存在ではありません。いまはその全体量も正確に測定されており、銀河や星や私たちの体などの通常の物質の5倍以上も存在することがわかっています。量だけを比較すれば、暗黒物質のほうが宇宙の主役といってもいいくらいでしょう。

しかも暗黒物質が大量に存在しなければ、通常の物質が銀河や星などの構造物を作ることもできませんでした。

というのも、宇宙空間には、暗黒物質の多い領域と少ない領域があります。多いところは、それだけ重力が強い。そのためたくさんの物質が引き寄せられ、その物質の重力がさらにほかの物質を引き寄せます。星や銀河は、そうやって暗黒物質を最初の「タネ」にして作られました。

もし暗黒物質がなければ、その「タネ」になる物質の濃淡ができません。実際、カブリIPMUの仲間である吉田直紀教授が「暗黒物質の存在しない宇宙」をコンピュータでシミュレーションしたところ、宇宙誕生から138億年経っても、星や銀河はひとつも生まれませんでした。

もちろん、その宇宙には私たち人間も生まれません。その意味で、暗黒物質は私たちの生み

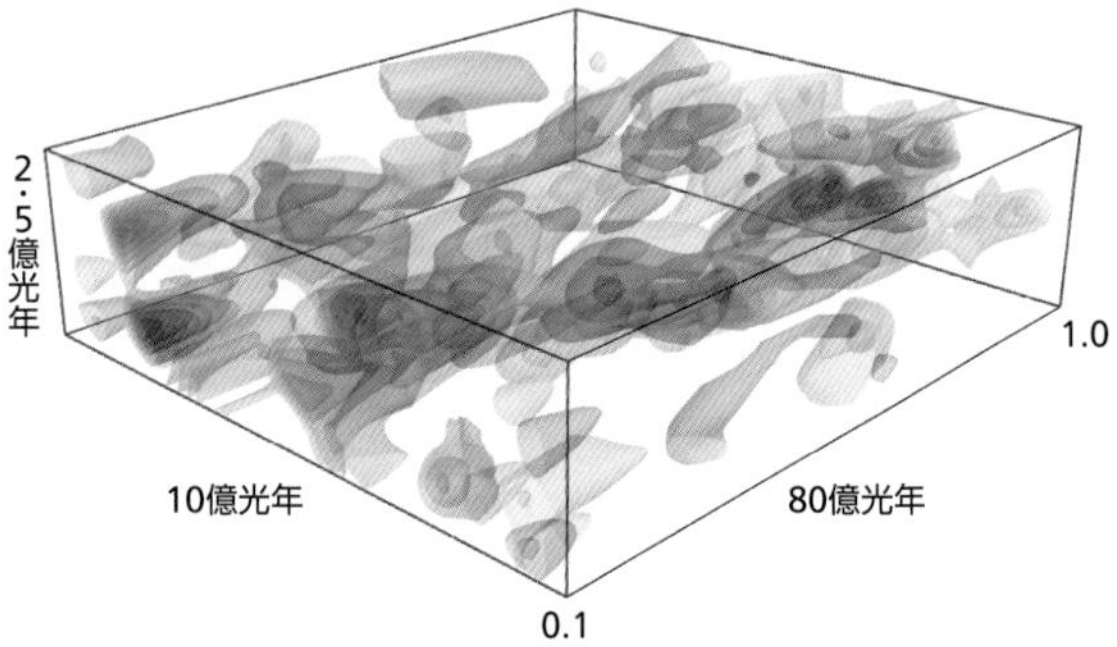

[1-34] **世界最大の暗黒物質地図**　Credit : NAOJ/UTokyo/M. Oguri

のお母さんなのです。目に見えないし正体も不明なので「生き別れになった生みのお母さん」のようなものですが、研究が進めば、いずれ会うことができるでしょう。暗黒物質の解明は、現在の物理学が挑戦している最大のテーマのひとつです。その正体がわかれば、宇宙の「始まり」についての理解も深まるはずです。

暗黒物質の3次元地図ができた!

　では、その暗黒物質はどこにどのぐらいあるのでしょうか。まだ直接には観測できていないのに、どうして暗黒物質が銀河を作ったといえるのでしょうか。

　前にお話ししたすばる望遠鏡は、世界最大級の口径を持つ望遠鏡の中でも、いちばん大きな視野を持っています。そのため、ハッブル望遠鏡で１０００年かかる観測を1年ですることができます。

大口径の望遠鏡で遠くの銀河の形が歪められているのを観測すれば、その手前に暗黒物質があることがわかります。カブリＩＰＭＵを含む研究チームは、この大きな視野を活かして、現時点では世界最大の、暗黒物質の３次元地図を作ることに成功しました［1－34］。

この図では、暗黒物質の分布（紫色）と、銀河の分布（オレンジ色）を重ね合わせています。奥行きは約80億光年もあります。よく見ると、紫の暗黒物質が多いところにオレンジの銀河ができていることがわかります。まさしく、暗黒物質は「生き別れになった生みのお母さん」なのです。

人類は宇宙の始まりにどこまで迫れるか

ほんの１００年ほど前まで、宇宙に「始まり」があると考える人はほとんどいませんでした。過去も未来も、宇宙は同じ状態で永遠に存在するものだと思われていました。ところが１９２９年、アメリカの天文学者エドウィン・ハッブルが、遠くの銀河ほど速いスピードで遠ざかっていることを発見したことで、宇宙が膨張していることがわかりました。

膨張しているのであれば、そこには「始まり」があったはずです。これは「ハッブルの法則」と呼ばれてきましたが、最近になって、ハッブル以前に、ジョルジュ・ルメートルというカトリックの神父が宇宙膨張の証拠をつかんでいたことがわかりました。そこで、２０１８年以降は「ハッブル＝ルメートルの法則」と改称されました。

さまざまな観測結果によって、その「始まり」はおよそ１３８億年前だったこともわかりました。では、いったいどのようにして宇宙が始まったのか。暗黒物質があるかどうか以前に、そもそも宇宙がなければ私たちも生まれないのですから、これは実に興味深い問題です。

昔の宇宙について知るためには、まず、できるだけ遠くの宇宙を望遠鏡で見ることが得策です。私たちの見ているベテルギウスは５３０年前、アンドロメダ銀河は２５０万年前の姿であることからもわかるとおり、光は時間をかけて届くので、遠くを見るほど「過去」を見ていることになります。

したがって、望遠鏡の性能が上がれば上がるほど、私たちは「始まり」に近い時代の宇宙を見ることができます。その最遠方記録は次々と塗り替えられ、いまは１３４億光年先の銀河［1-35］が見られるようになりました。あまりに遠いので、拡大しても赤い染みのようにしか見えませんが、高性能のケック望遠鏡をここに向けて長々と露光させると、このような写真を撮ることができます。

１３４億年前とは、宇宙が誕生して４億年後。太陽系などまだ影も形もない時代の宇宙が見えるのですから、望遠鏡はある意味でタイムマシンのようなものだといえるでしょう。

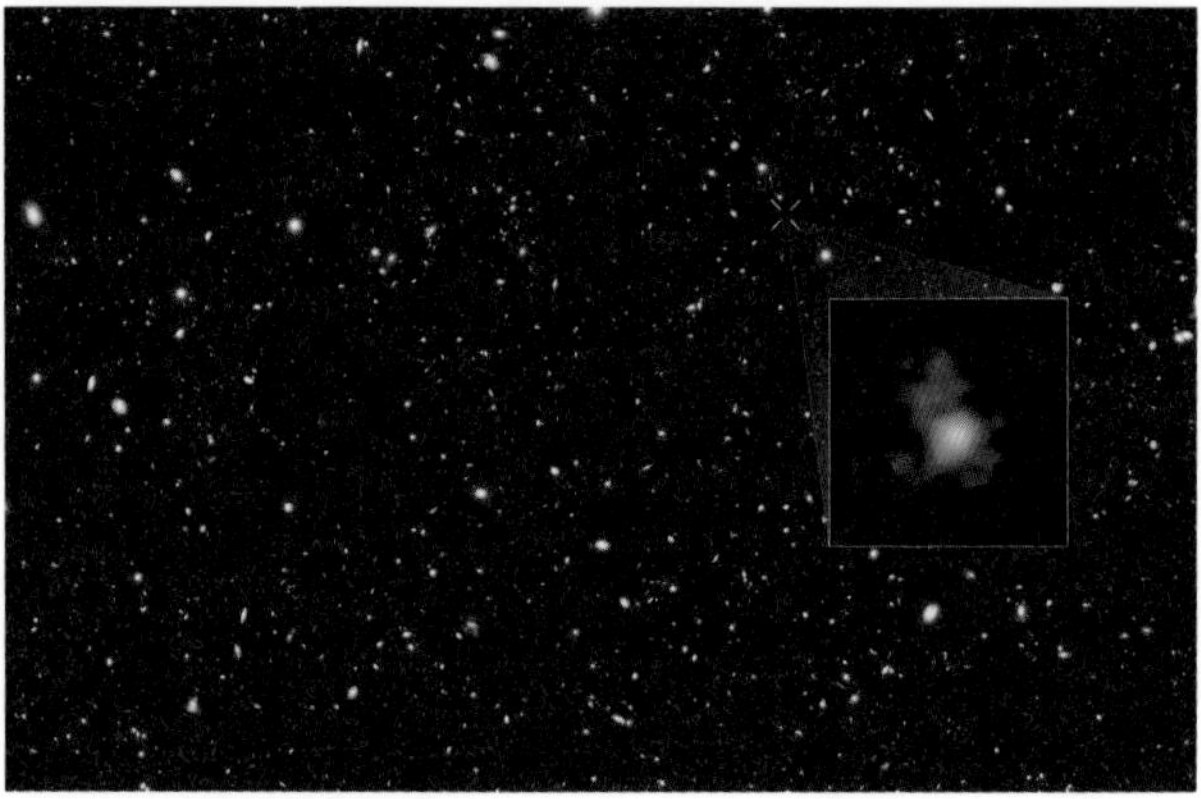

[1-35] **134億光年先の銀河**
Credit : NASA, ESA, P. Oesch (Yale University), G. Brammer (STScl), P. van Dokkum (Yale University), and G. Illingworth (University of California, Santa Cruz)

しかし、そのタイムマシンにも限界があります。さらに高い性能の望遠鏡が開発されて、136億光年先まで見えるようになったとしても、そこには何も見えないはずです。なぜなら、宇宙誕生から2億年しか経っていないため、まだ星が生まれていないからです。暗黒物質は存在しても見えませんし、その重力で集められているはずの水素原子も光ってはいません。

　ですのでこの時代を「暗黒時代」と呼びます。光っていない水素原子を電波で観測し、星ができる前の暗黒時代を観測するＳＫＡ計画という試みがあり、これから本格稼動する予定です。

　ただし、そこからさらに2億光年先、まさに宇宙が始まって間もない時代の光は見ることができます。星も銀河も存在しませんが、ある現象によって、まだ小さかった宇宙全体が光を放

［1-36］**宇宙マイクロ波背景放射**　Credit : ESA/Planck Collaboration

ったからです。いわゆる「ビッグバン」です。

１３８億年前、小さな小さな宇宙は、超高温・超高密度の火の玉のような状態でした。そのとき発せられた光は、宇宙が膨張するにつれて波長が引き伸ばされ、現在は携帯電話や電子レンジで使われる「マイクロ波」と呼ばれる電波になって、宇宙全体から降り注いでいます。「宇宙マイクロ波背景放射（ＣＭＢ）」と呼ばれるもので、これが発見されたことが、ビッグバンが起きたことの証拠になりました。

それを精密に観測した最新の結果が、写真［１－36］です。これは、欧州宇宙機関（ＥＳＡ）のプランク衛星が全天をくまなく観測したもの。楕円形になっているのは、地球を平面で表現するモルワイデ図法の世界地図と同じことです。ただし、宇宙は外側から観察することができません。ですから、これは世界地図とは違い、ビッグバンという「火の玉」

の表面を内側から見ていることになります。

とはいえ、これは宇宙の「始まり」そのものではありません。この光が発せられたのは、宇宙誕生から37万年後のことです。それまでは、宇宙全体があまりに高温・高密度だったため、光がまっすぐに進むことができませんでした。

実は、太陽もそれと同じ理由で、内部からの光を見ることができません。太陽内部は水素やヘリウムのガスがギュウギュウに詰まっていて、光が通り抜けることができないからです。そのため、私たちが見ることができるのは太陽の表面だけです。

光が直進できないのでは、誕生から37万年後までの宇宙を望遠鏡で見ることはできません。技術的に不可能なのではなく、どんなに望遠鏡の性能を上げても原理的に不可能なのです。

しかし、その時代の宇宙で起きたことを調べる方法がないわけではありません。物理学は、天文学とは別の形で宇宙の謎に迫る方法を考えてきました。それについては、また別の章で紹介しましょう。

ここまでは宇宙の美しい姿をいろいろな形で見てもらいましたが、次の章からは、その物理学者にとって宇宙の「美しさ」とは何か——ということについてお話ししようと思います。

第2章　美しさの秘密

「対称性」とは？

偉大な物理学者は宇宙の「美しさ」をどう語ったか

「科学は星を気体と原子の塊だというので、詩人たちにはせっかくの星の美しさを台無しにしてしまうと文句をいわれる」――。

　これは、リチャード・ファインマンという有名な物理学者の言葉です。１９６５年に、朝永振一郎、ジュリアン・シュウィンガーと共にノーベル物理学賞を受賞したファインマンは、回顧録『ご冗談でしょう、ファインマンさん』（邦訳は岩波現代文庫）などを読んでもわかるように、いたずらや冗談の好きな人気者でした。この愚痴とも皮肉ともつかない言葉も、実にファインマンらしいと思います。

　もしかすると、前章で美しい宇宙の写真を紹介しながら核融合反応や超新星爆発の仕組みを解説した私も、詩人から文句をいわれるかもしれません。でも、物理学者はそういうことを追究せずにいられない。ファインマンの言葉は、こんなふうに続きます。

「果てしない宇宙は私の想像力をかきたてる。私の目は１００万年も旅をしてきた光を見ることができるのだから。私自身が一部であるこの果てしない宇宙――どんな仕組みで、どういう意味で、なぜそうなのか？　この謎を少しでも解き明かすことは、悪いことではないよね。昔のどんな芸術家が想像したことよりも、真実はもっと素晴らしいじゃないか。なぜ詩人たちはこのことを話さないのだろう？」

むしろ詩人たちが科学的な真実の美しさに興味を示さないことが不思議でならない、というわけです。ファインマンは別のところで、「自然は素晴らしく簡潔で、だから素晴らしく美しい」という言葉も残しました。

このような感覚を持つ科学者は、ファインマンだけではありません。昔から多くの人々が、その「美しさ」について語ってきました。いくつか紹介しましょう。

「数理科学は、とくに秩序、対称性、そして限界を表に出す。そしてこれらは美の最大の形だ」

（アリストテレス＝古代ギリシャの哲学者）

「宇宙の原理は美しく簡潔なはずだと私は深く信じている」

（アルベルト・アインシュタイン＝相対性理論などで有名なドイツ生まれの理論物理学者）

[2-1]**リチャード・ファインマン（1918-1988）**

「どんなに広く、または狭く定義したとしても、人類は長い歴史の中で対称性という考え方を使って、秩序、美、そして完全無欠さを理解し、生み出そうとしてきたのだ」

（ヘルマン・ワイル＝理論物理学でも大きな業績を残したドイツの数学者）

「現象を簡潔に説明したり、違う観測のあいだの関係をつけたりすると、科学は美しい。たとえば生物の二重螺旋《らせん》や物理の基礎法則だ」

（スティーヴン・ホーキング＝イギリスの理論物理学者）

「とくに驚くべき、そして特筆すべきことは、基礎物理学では美しい、またはエレガントな理論は、そうでない理論と比べて正しい可能性が高いことだ」

（マレー・ゲルマン＝クォークの存在を予言してノーベル物理学賞を受賞したアメリカの理論物理学者）

高い対称性・簡潔さ・自然な安定感

ご覧のとおり、科学史に名を残す錚々《そうそう》たる顔ぶれの理論家たちが、科学や物理学の「美しさ」に言及してきました。これらの言葉には、私も深く共感します。私だけではありません。いま世界中で宇宙の謎を解明しようと努力している多くの物理学者たちが、これらの言葉に頷《うなず》くことでしょう。

では、自然界の成り立ちを説明する理論に私たち物理学者が求める「美しさ」とはどういうものなのか。それは、きれいな天体写真から感じる「見た目」の美しさとは違って、きわめて抽象的なものです。

ただし、ここに並べた言葉を眺めてもわかるように、その「美しさ」はひとつではありません。大まかにまとめると、理論が美しいと感じられるために求められる要素は、次の3つの点に整理できるのではないでしょうか。

[2-2]**アルベルト・アインシュタイン（1879-1955）**

第1に、「対称性」が高いこと。この単語は、アリストテレスとワイルの発言の中にも出てきました。その意味は後ほど詳しく説明しますが、この性質が高ければ高いほど、私たちはその理論を「美しい」と感じます。

第2に、これもファインマンやアインシュタインやホーキングが語っていますが、ある理論が美しいと思えるためには、「簡潔さ」が必要です。長々と数式を書かなければいけないような複雑な理論は、あまり美しくない。よりシンプルな理論ほど美しいのです。

また、少ない原理や少ない物理定数で多くの現象を説明できる理論ほど、簡潔で美しいといえるでしょう。できるだけ少ないインプットでたくさんのアウトプットが得られる「経済的な理論」を物理学者は目指します。したがって、究極的には、たったひとつの原理で自然界の森羅万象を説明したい。それが私たち物理学者の最終的なゴールであり、それこそが最高の美しさになるのかもしれません。

第3に、これはいささか主観的な話になるのですが、私たち物理学者には「安定感のある理論」を美しいと感じる習性があります。現象をうまく説明できていても、その理論にどこか不自然でぎこちないところがあると、心底から納得することができません。あまりにも突飛な前提が置かれていたりすると、「本当にそんなことが起きるのか?」と疑いたくなってくるのです。

これら3つの要素は、芸術的な意味の美しさと似ているともいえるし、ちょっと違うともいえるでしょう。対称性が高く、シンプルで、不自然さのない芸術作品もあるでしょうが、そういう美しさだけでは芸術の世界は退屈です。バランスが悪くて複雑で人を不安にするような作品もありますし、それを「美しい」と感じる心も人間にはあります。

その意味で、物理学者が宇宙や自然界に求める美しさは、やや特殊なものかもしれません。

美とは本来、もっと多様なものです。もちろん、物理学者が複雑で不安定な芸術に美を感じないわけではありません。私も、たとえばピンク・フロイドのような、プログレッシヴ・ロックのあまりシンプルとはいえない音楽が好きだったりします。

でも、こと物理学の理論に関しては、3つの要素を兼ね備えた「美しさ」を求めざるを得ません。マレー・ゲルマンがいったとおり、美しい理論のほうが「正しい」可能性が高いことを、物理学の歴史が示しているからです。

その見立てがどこまで通用するのかは、わかりません。究極のシンプルな理論なんか存在しない可能性も、ないわけではないでしょう。しかしいまのところは、アインシュタインが語ったように、「宇宙の原理は美しく簡潔なはずだ」と信じることができる。だから私たち物理学者は、より美しい理論を求めて研究を続けているのです。

富士山とベルサイユ宮殿の共通点とは？

さて、物理学者が求める美しさの基本ともいえる重要な概念が「対称性」です。これが美しさを感じさせるのは、たとえば富士山の姿を見ればわかるでしょう［2－3］。天然の造形なので完全ではありませんが、富士山は左右をひっくり返してもほぼ同じ形になります。もし富士山が左右対称の形ではなく、単に「日本一高い山」だったなら、そんなに人気を集める観光

[2-3] **富士山**　Credit : iStock.com/fromzerotohero

スポットにはならなかったのではないでしょうか。

　人工の建築物を見ると、私たち人間が左右対称を好むことがよりはっきりします。写真［2－4］は、世界遺産にも指定されている京都の平等院鳳凰堂です。中心の線で左右を反転しても、まったく同じ形になります。

　ただし日本人の場合、左右の対称性がない建造物に美を感じる傾向があるようです。写真［2－5］は同じく京都にある東福寺龍吟庵の石庭です。きちんと整っているよりも、ちょっと崩れていたほうが味わい深く感じられるのでしょう。どちらかというと、西洋人のほうが左右対称の構造に対するこだわりが強いように思います。

　たとえば写真［2－6］は、エッフェル塔の

[2-4] 平等院鳳凰堂　Credit : iStock.com/coward_lion

[2-5] 東福寺龍吟庵の石庭　Credit : Maechan0361

[2-6] **エッフェル塔から撮影したシャイヨー宮**　Credit : iStock.com/jumabufu

上から見たパリの街並みです。シャイヨー宮を中心に、街全体が左右対称になっているのがわかります。有名なベルサイユ宮殿など、写真［2－7］のように左右反転したものを並べてもほとんど区別がつきません（ちなみに左側の写真が本物です）。

ところで、対称性が「高い」とはどういうことでしょうか。

いま見てきた「左右対称」は、「線対称」のひとつで、対称性の基本です。どこかに1本線を引いて、その線を折り目に一方を折り返すともう一方に重なることを線対称といいます。線対称には「左右対称」だけでなく「上下対称」もあります。

平等院鳳凰堂もベルサイユ宮殿も、左右ではなく「上下」をひっくり返したら、まったく別

［2-7］**左右反転してもほとんど区別がつかないベルサイユ宮殿（左側が本物）**
Credit : ToucanWings

の形になってしまいます。この場合、対称性は2つしかありません。本来の姿でひとつ、左右を入れ替えたものでもうひとつ。対称性は、そのように数えます。どちらもあまり対称性は高くありません。

　では、同じ建築物でも、もっと対称性の高いものを見てみましょう。

　東京タワーは、写真［２－８］のように左右対称です。でも、対称性はそれだけではありません。４本の脚が正方形を作っているので、90度、１８０度、２７０度に向きを変えても全体の形は同じです。しかも、その４パターンがそれぞれ線対称になっているので、対称性の数は４×２＝８。図［２－９］のように、４つの角に番号をつければ、同じ形になるパターンが８つあることがよくわかるでしょう。

　ずいぶん対称性が増えましたが、丸い構造になると、正方形よりもさらに対称性が多くなります。たとえば、パリの凱旋門を取り囲む道路［２－10］。12本の道路が等間隔で放射状に作

[2-8] **東京タワー** Credit : iStock.com/coward_lion

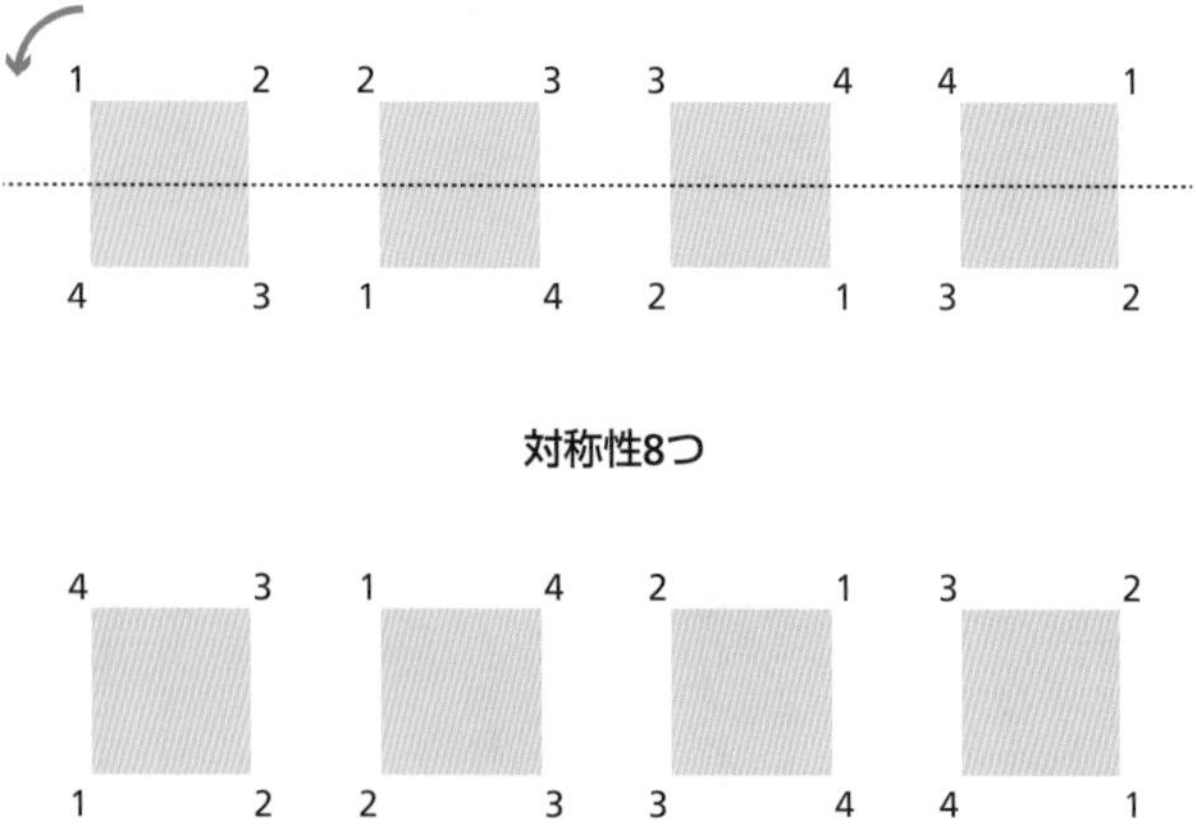

[2-9] **正方形の対称性は8個**

［2-10］**パリの凱旋門を取り囲む道路**　Credit : iStock.com/GlobalP

られています。正方形は90度ずつ回転させないと同じ形になりませんが、こちらは360度を12分割しているので、30度ずつ回転させると同じ形になります。ここには12個の対称性があるわけです。

それよりも対称性が多いのが、アメリカのワシントンにある国会議事堂の天井［2－11］です。1周360度を10度ごとに分割してタイルを並べているので、10度ずつ回転させるだけで同じ形になる。対称性の数は36個です。

ここで、「凱旋門や天井の真ん中の絵は回転させると同じにならない」と気づいた鋭い人もいるでしょう。それはまったくそのとおりです。

でも、物理学者が自然界を観察するときは、まず全体的な性質を大雑把にざっくりと把握するのが先で、細かいことはあまり気にしません。

［2-11］アメリカの国会議事堂の天井

Credit : iStock.com/Robert Arango Lopez

たとえば地球のような天体は、細かく見れば山や谷などのデコボコがありますが、大雑把に見れば「球体」だといっていいでしょう。それと同じように、凱旋門周辺には12個、ワシントンの国会議事堂の天井には36個の対称性があると考えてかまわないのです。

円と球の対称性の数え方

ここまで説明すれば、対称性が「無限個」の形があることもわかるでしょう。そう、それは「円」です。先ほどの天井の構造は10度ずつ回さないと形が同じになりませんが、円は3度でも57度でも１００・５度でも、回転させたときに形は変わりません。たとえば東京スカイツリーは、円錐状の形をしているので、上から見ると円形をしています［２－12］。６３４メート

[2-12]真上から見た東京スカイツリー　撮影：中谷幸司

ルという高さだけでなく、対称性の高さという点でも、東京スカイツリーは東京タワーを上回っていることになります。

円は対称性が無限なので、数えることができません。そこで、別の数え方をします。どんな角度で回転させても対称になることを「1種類の対称性」としてカウントするのです。ただし円の対称性はそれだけではありません。回転対称性とは別に、上下と左右にひっくり返しても対称になる性質があります［2－13］。つまり円には、対称性が「1種類と2個」あるのです。

また、円の回転対称性のような対称性のことを「連続対称性」、円の上下・左右のように連続性のない対称性のことを「離散対称性」といいます。連続対称性は、回転対称性だけではありません。たとえば、どこまで直進しても形が

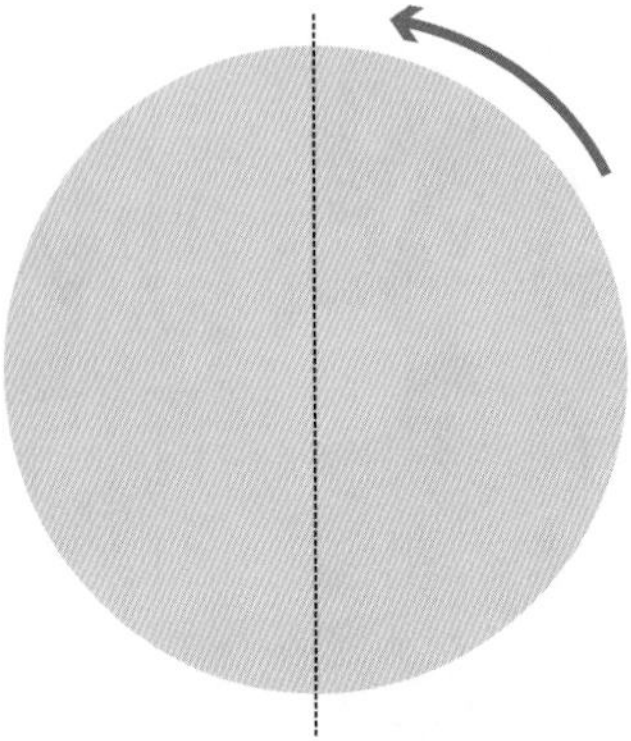

[2-13]**円の対称性は1種類と2個**

変わらない対称性のことを「並進対称性」といい、これも連続対称性のひとつです（これは後ほど宇宙空間の対称性を考えるときにまた出てくるので、覚えておいてください）。

円は無限個の対称性を持ちますが、それが最大の対称性というわけではありません。２次元の円は１種類の回転対称性しかありませんが、３次元の「球」になるとその種類が増えます。何種類あるか、ちょっと考えてみてください。

単なる球だとわかりにくいので、ここでは地球を例にして説明してみます。先ほどいったとおり、現実のデコボコは無視してかまいません。地球でもっとも高いエベレストは約８８００メートル、いちばん深いマリアナ海溝は約１万メートルですが、地球の半径は約６０００万キロメートルですから、そのデコボコは０・２％未

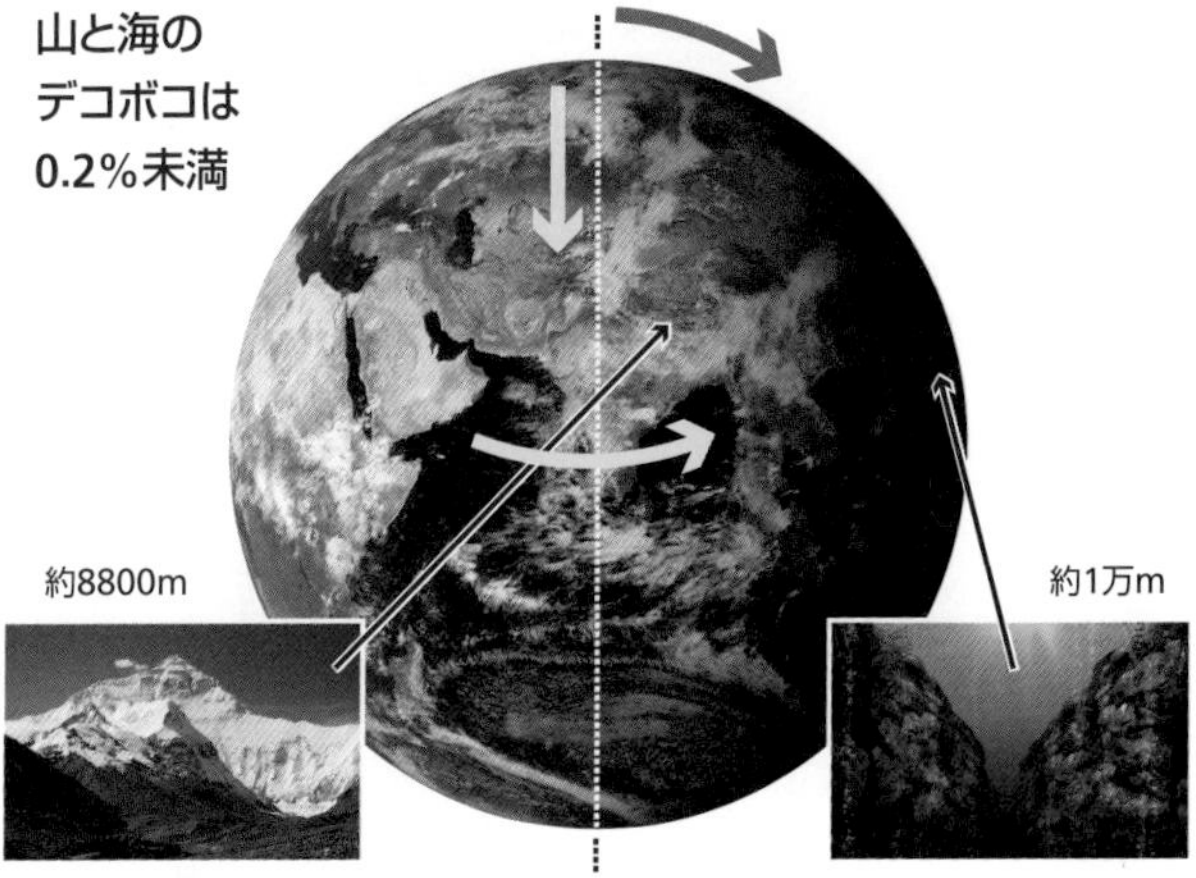

［2-14］球の対称性は3種類と2個
Credit : NASA,Luca Galuzzi,iStock.com/ratpack223

満にすぎません。

　というわけで、地球を完全な「球」だと考えると、まず赤道方向にどれだけ回しても変わらない対称性があります。これは誰でもすぐにわかるでしょう。

　また、北極と南極を結ぶ経線の方向に、２種類の対称性があります。地球の北極をつまんで手前（もしくは向こう側）に回すのと、左右の方向へ回すのは、それぞれ独立した対称性です［２－14］。だから、連続対称性は３種類。それに加えて、円と同じように上下との離散対称性がありますから、球には「３種類と２個」の対称性があることになります。正方形や円と比べて、球の対称性はきわめて高いのです。

宇宙船で数億光年先まで旅をすると何が見えるか

以上の話で、物理学者が重視する対称性がどのようなものかは、だいたい理解してもらえたでしょう。人工的に作られた完全な球体は、日常生活で目にするものの中でも対称性が高いものの代表ですが、私たち物理学者は、この自然界そのものや、それを支配する法則にも、高い対称性があるはずだと考えています。

しかしこの自然界に、本当に高い対称性などあるのでしょうか。人工の建築物を取り除いた自然の風景について考えると、（富士山のような例外を除けば）そんなに対称性が高いとは思えません。草木は左右対称に生えるわけではありませんし、空に浮かぶ雲の形や配置なども、対称性など感じさせません。

でも、それは地球のデコボコと同じ「細かいこと」です。物理学では、自然界を大雑把に把握するために、もっとマクロな視点でとらえます。そして、自然界でいちばん大きなものは、「宇宙」です。広大な宇宙空間に対称性があるかどうかが、まずは重要です。

空を見上げれば、たとえば太陽や月のある場所とそうではない場所があるので、「宇宙は非対称だ」と思う人もいるでしょう。星空の写真を撮って上下・左右を入れ替えても、同じ風景には見えないでしょう。オリオン座や北斗七星の形はたしかに非対称です。

しかしそれも、宇宙全体から見れば「細かいデコボコ」にすぎないかもしれません。そして

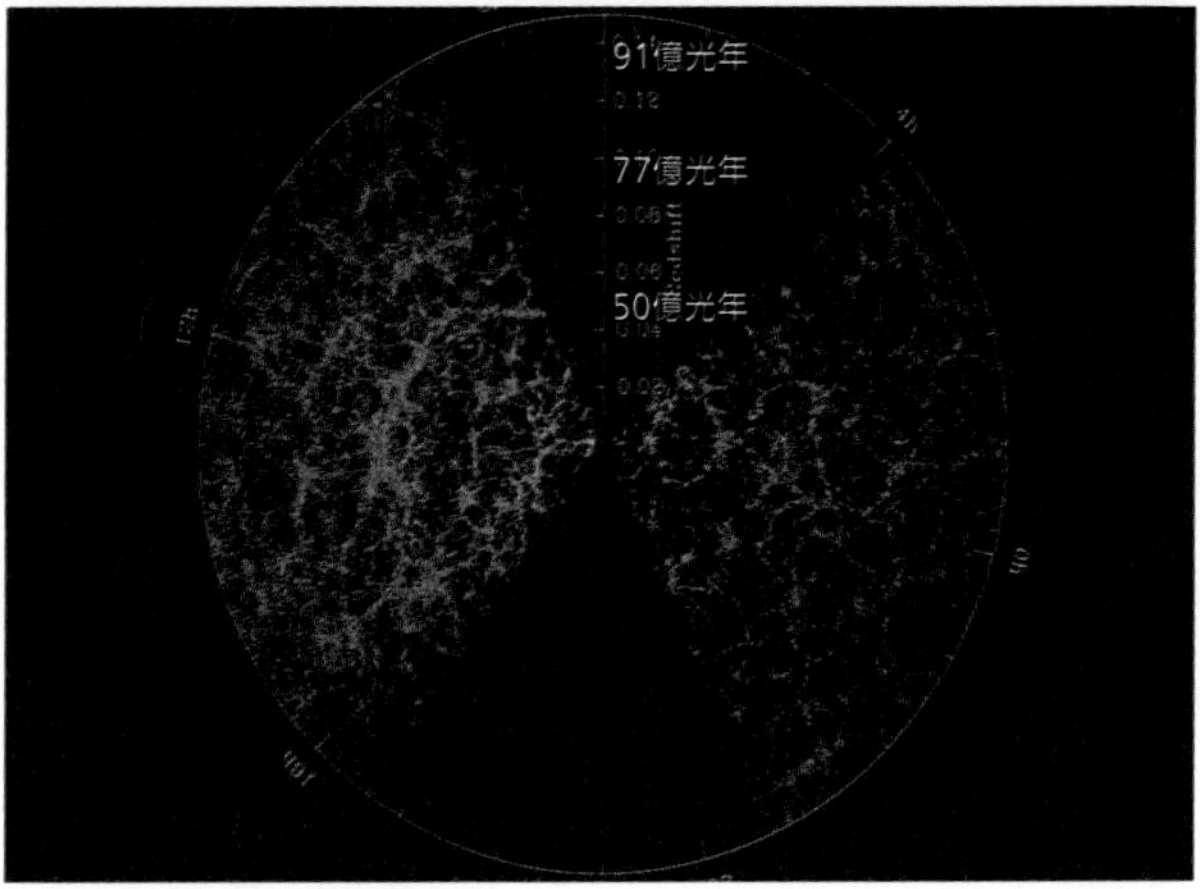

[2-15]**広大な宇宙の「地図」** Credit : M. Blanton and SDSS

現在は、前章でも見たとおり観測技術が発達したので、かなり広い範囲で宇宙空間の様子を調べられるようになりました。まだ「全宇宙」というわけにはいきませんが、何百万個もの銀河を観測してその配置を特定することで、広大な宇宙の「地図」を描けるようになったのです。

それが、図［2－15］です。上下の黒い部分はまだ観測が及んでいない領域ですが、図の真ん中にある地球から91億光年先までの銀河団の分布がここまで詳しくわかりました。

これを見れば、宇宙空間に「ほかとは違う特別な領域」はないといえるでしょう。左右を入れ替えても、ぐるりと回転させても、（細かいことを気にしなければ）ほぼ一様等方、だいたい同じ状態になります。ですから、もし宇宙船に乗って太陽系はおろか銀河系も飛び出し、超高速で何億光年も先まで旅ができたとしたら、窓の外には延々と変化に乏しい風景が続くでしょう。

もちろん、「地図」からわかるように、どこもまったく同じというわけではありません。宇宙空間では、銀河団が網の目のようにつながっており、その隙間にはほとんど星のない空間もあります（前者を「フィラメント」、後者を「ボイド（泡）」と呼びます）。ですから宇宙旅行にも、新幹線で移動しているときに街が見えたり田んぼが見えたりするぐらいの変化はあるでしょう。しかし、何億光年先まで進んでも、ひたすらそのくり返しです。くり返されるパターンは同じですから、そこには対称性があると考えてかまいません。

宇宙はきわめて対称性が高い空間だった！

前章の最後に「ビッグバンの証拠」として、およそ１３８億光年先から届く、宇宙マイクロ波背景放射（ＣＭＢ）についてお話ししました。実はこれも、宇宙に「特別な領域」がないことを示しています。

１９６４年に発見されたとき、ＣＭＢは全天にわたってまったく濃淡のない一様な電波として観測されました。ビッグバンが「すべての方向に」見えるということが、わかりにくいかもしれません。これはＣＭＢが放出されたときの宇宙が点ではなく、すでに大きさを持った宇宙

[2-16] **宇宙マイクロ波背景放射にほんの少しだけムラ**

Credit : ESA/Planck Collaboration

だったからです。だから、私たちから見てどの方向にも、１３８億光年先には熱い宇宙が見える。そしてその温度はどの方向でも同じなのです。

　しかしビッグバン理論は、そのＣＭＢに実はほんの少しだけムラ（温度差）があることを予言していました。それがたしかにあることを裏付けたのが、前にも紹介した写真［２－16］です。ここでは、色の違いがＣＭＢの温度の違いを意味しています。

　ただし、この色の違いはムラの存在を強調するために誇張してつけられたもので、その温度差は本当にささやかなものでしかありません。わずか10万分の1の違いですから、深さ１００メートルの海の水面に、ところどころで1ミリメートルの波が生じているようなものです。そこまで高い精度で１３８億光年離れたところから届く電磁波を観測できるのは驚くべきことですが、大雑把に考えるなら、やはり宇宙は「どこを見ても同じ」といっていいでしょう。

　このような宇宙の対称性は、2つに分けて考えることができます。ひとつは、「どこまで進んでも同じ」という性質。前に出てきた「並進対称性」がこれです。もうひとつは、円や球と同じ「回転対称性」。こちらは「どちらを向いても同じ」という性質です。

　どこまで進んでも同じ並進対称性を持つ状態のことを「一様」、どちらを向いても同じ回転対称性を持つ状態のことを「等方」と表現することもあります。宇宙は、ほぼ一様で、ほぼ等方な空間なのです。

　アインシュタインは、これを「宇宙原理」と名付けました。原理とは、さまざまな理論を考える上での前提として置かれるものです。もし宇宙が一様・等方でないならば、宇宙の理論はもっと複雑なものにならざるを得なかったでしょう。しかし宇宙の成り立ちに関する物理学の理論は、空間が一様・等方であることを前提に考えてかまわないのです。

　では、その一様・等方な宇宙空間には、全部で何種類の対称性があるでしょうか。

　先ほど、球体の回転対称性には3種類あるという話をしました。宇宙も3次元空間ですから、どちらを向いても同じ「等方性」があるなら、やはり回転対称性は3種類です。

　一方の並進対称性はどうか。こちらも、3次元空間なら3種類になります。一様な宇宙では、前後の方向にどこまで進んでも、左右の方向にどこまで進んでも、上下の方向にどこまで進んでも、風景は変わりません。

したがって「一様・等方」の宇宙空間には、3種類の回転対称性と3種類の並進対称性を合わせて、6種類の対称性があることになります。つまり、対称性がひじょうに高い。物理学者にとっては、たいへん美しい空間だといえるわけです。

4次元、5次元、6次元空間の対称性はいくつ？

3次元空間では、これ以上に高い対称性はあり得ません。ですから宇宙空間は、3次元の世界で求めることのできる最大限の美しさを持っているといえます。

でも、なぜそんなことが断言できるのでしょうか。

空間の次元が高いほど対称性の種類が増えるのは、直感的にわかるでしょう。たとえば1次元は直線ですから、「どこを見ても同じ」というひとつの対称性しかありません。それが2次元になると、先ほどの正方形や円のように複数の対称性が現れます。さらに、2次元の円より3次元の球のほうが対称性が高いことも、すでに見てきました。

だとすれば、4次元、5次元、6次元……と次元が上がっていけば、対称性の種類もどんどん増えるに違いありません。しかし4次元以上の空間を絵や模型を使って調べることはできないので、ここは数学の出番となります。数学の世界には「群論」という分野があり、数学者たちはそれを使って対称性の分類を行ってきました。

その分類が完成したのは、それほど昔のことではありません。まず１９３０年代までに、連続対称性にどんな種類があるのかが完全に分類されました。それに成功したのは、エリー・カルタンというフランスの数学者です（エリーという名からは女性を連想するかもしれませんが、カルタンは男性です）。

しかし、離散対称性の分類にはかなり時間がかかりました。私たち物理学者と同様、数学者たちも常にさまざまな「謎」を解く努力を続けています。どんな離散対称性があり得るかを、さまざまな次元について虱潰《しらみつぶ》しに調べ上げ、その完全な分類に成功したのは、２０１２年のことで、現在でもこの研究は続いています。

連続対称性の分類はカルタンがひとりで解決しましたが、離散対称性のほうは多くの数学者たちが知恵を出し合って決着をつけました。それぐらい、難しい問題だったということでしょう。物理学の世界も、たとえば相対性理論はアインシュタインがひとりで作り上げましたが、量子力学や素粒子の理論などは多くの研究者の協力によって築かれています。

ともあれ、連続対称性に加えて離散対称性の分類も完成したことで、ある次元に最大でいくつの対称性が存在し得るかを計算できるようになりました。そこにいたるプロセスはあまりに

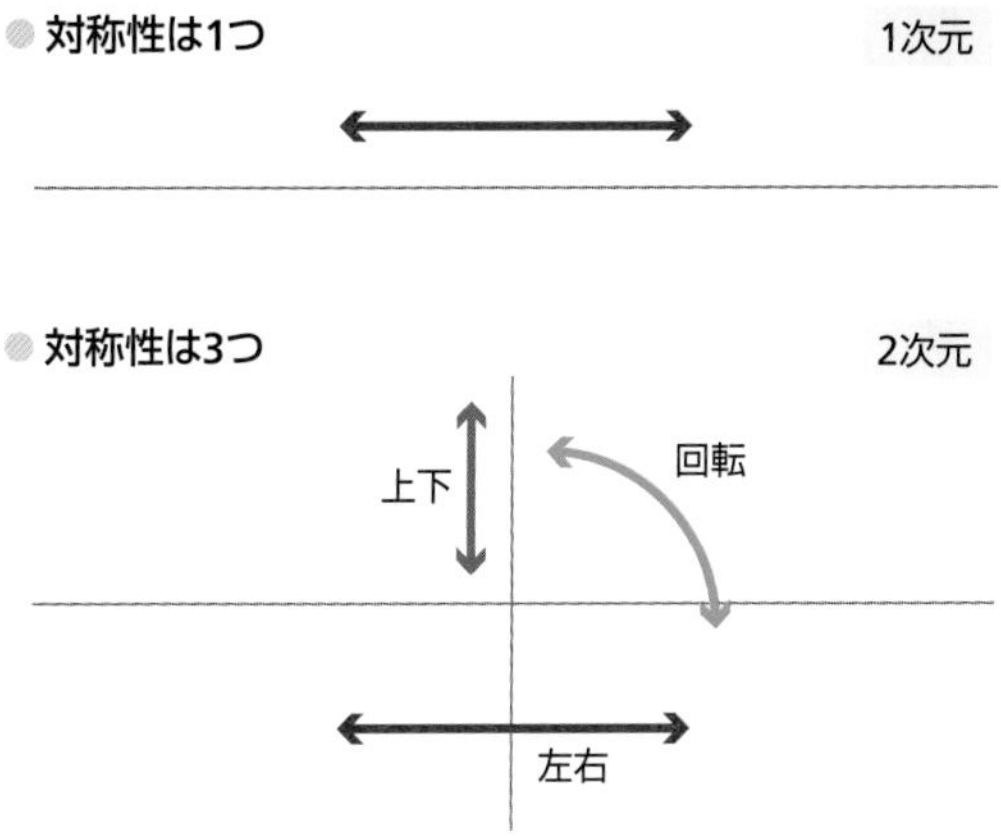

[2-17] **D次元の空間が持つことができる対称性の数**

高度で専門的なので、ここでは結論だけをお教えします。

$$D \times (D+1) \div 2$$

実にシンプルな数式です。これが、「D次元」の空間が持つことのできる対称性の数です。1次元なら1、2次元なら2、3次元なら3をDに代入すれば簡単に計算ができます。D＝1なら答えは1ですから、1次元の対称性は並進1つだけ。D＝2だと答えは3になりますから、1つの回転と2つの並進の対称性を持っていることと一致します［2－17］。

そして、D＝3のときの答えは6。3次元空間は、最大で6つの対称性を持つことができることになります。3つの回転と3つの並進の対称性です。６つの対称性を持つ宇宙空間が、３次元空間ではもっとも高い対称性を持っているのです。

もちろん、これは「３次元空間では」という条件つきなので、「この世でもっとも対称性が高い」ということではありません。４次元空間なら10、９次元空間なら45もの対称性が存在します。数学の世界の話だけでなく、物理学の理論にも、そういう多次元空間の存在を予想するものがあります。

しかし現実に私たちが知覚できる空間は、３次元までです。その意味では、やはり宇宙は「この世でもっとも美しい」といってかまわないのではないでしょうか。

宇宙空間はどんな「曲がり方」をしているか

ただし、６つの対称性を持つ「美しい３次元空間」は、１種類ではありません。数学的には、３種類の空間が考えられます。

私たちは３次元空間で暮らしているので、そういわれてもピンと来ないでしょう。「この空間以外にどんな空間があるんだ？」と戸惑ってしまいます。でも実は、私たちが暮らす「この空間」がその３種類のどれなのかさえ、必ずしも自明ではありません。数学的に考えると、空間には「曲率」というものがあり、その曲がり方は大きく３種類に分けられます。そして、私たちの暮らす宇宙空間がどのような曲がり方をしているのかは、日常生活ではわかりません。
そのことは、ひとつ次元を落として2次元の世界を想像すると理解しやすくなります。2次元は方向がタテとヨコの2つしかない空間ですが、その面は真っ平らとはかぎりません。下敷きのような板はグニャグニャと曲げることができますが、どのような曲げ方をしてもその表面は2次元空間です。しかしその2次元空間がものすごく広ければ、昔の人が地球が平らだと思ったように、そこにいる人は空間がどのように曲がっているのかよくわからないかもしれません。

では、6つの対称性を持つ3次元空間には、どのような曲がり方が考えられるのでしょう。これは数式ならきちんと表現できるのですが、3次元空間の曲がり方を図で描くのは不可能なので、やはり次元をひとつ落として2次元の面で考えることにします［2―18］。3種類のいずれも、表面の2次元面が宇宙空間だと思ってください。

この3種類は、上から順にそれぞれ曲がり方を示す「曲率」がプラス、マイナス、ゼロになることを意味しています。

まず、まったく曲がっていない曲率ゼロの平面を見てみましょう（［2―18］下）。2次元空間の場合、対称性の数は最大で3つ。真っ平らな平面の場合、左右方向への並進対称性と前後方向への並進対称性に加えて、ぐるりと回転させても変わらない対称性があるので、対称性は3つです。つまり、最大限の対称性がある。次元をひとつ増やして3次元空間にすれば、それ

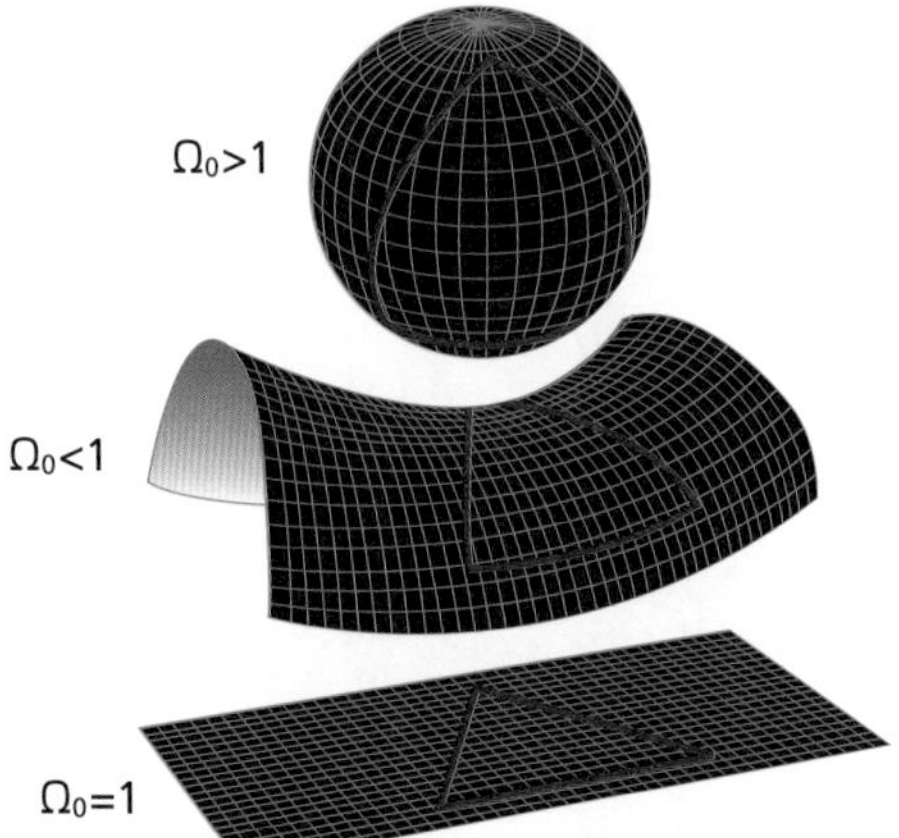

［2-18］**3種類の宇宙の形**

が6つになります。

次に、曲率がプラスの球面はどうでしょう（［2－18］上）。先ほど説明したとおり、赤道方向にひとつ、経線方向に2つ、合わせて3つの回転対称性があります（球体には1個の離散対称性もありますが、ここではカウントしません）。3次元空間がこのように曲がっていても、やはり最大の対称性を持つことができます。

3番目はややわかりにくいのですが、曲率がマイナスになると、2次元面は馬の鞍《くら》のような形になります（［2－18］中央）。これの対称性は、言葉ではうまく説明できません。数式を使えばたしかに3つの対称性があるので、その点は専門家を信用していただくことにしましょう。

膨張を続ける宇宙の3つの運命

そんなわけで、どの曲がり方でも対称性の数は最大になりますから、「宇宙原理」とは矛盾しません。どの宇宙であっても、理論的には成り立つのです。でも、だからといって「どの宇宙でも同じ」というわけではありません。空間がどのような曲がり方をしているかによって、宇宙そのものの運命は大きく変わります。

ハッブルが遠くの銀河ほど速いスピードで遠ざかっていることを発見するまで、宇宙は永遠不変のものだと考えられていました。過去も未来も現在と同じだとすれば、宇宙には始まりも終わりもありません。

しかしハッブルの発見は、宇宙が膨張していることを意味していました。そうなると、話は変わります。過去を遡れば、宇宙には「始まり」があったことになる。そこからビッグバン理論が生まれ、CMBの発見によってそれが裏付けられたことは、すでにお話ししたとおりです。

それでは、未来のほうはどう考えればいいのでしょうか。ひたすら膨張を続けるだけのようにも思えますが、「始まり」があったのなら、いつかは「終わり」が訪れるような気もします。

その運命について、かつては3つの可能性が考えられていました。

ビッグバンで宇宙が膨張を始めたのは、簡単にいえば、地上から空に向かって「エイヤッ」とボールを投げ上げたのと同じようなことです。ボールの高さが膨張の大きさと同じだと考え

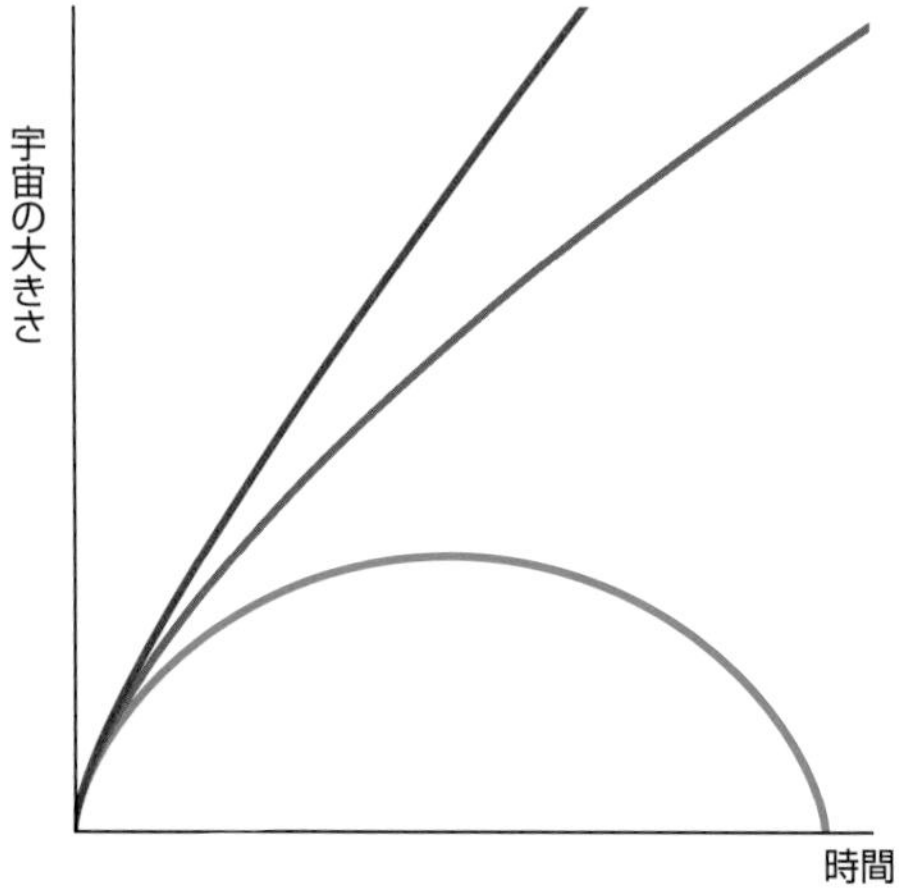

[2-19]**宇宙について考えられる3つの運命**

ればいいでしょう。

ボールの運命は、その速度と下から引っ張る重力との関係で決まります。

私たちが野球のボールをふつうに投げ上げた場合、ボールは途中で失速し、やがて地面に向かって落下するでしょう。宇宙の膨張も、空間内にある物質の重力によって、そうなる可能性はあります。膨張速度がだんだん遅くなり、やがて重力に引っ張られて逆に収縮を始め、潰れてしまうのです。縦軸に宇宙の大きさ、横軸に宇宙誕生からの時間を取ったグラフ［2－19］でいうと、いちばん下の線がその運命を表しています。

しかし、投げ上げたときの速度が十分に速ければ、ボールは落ちてきません。重力を振り切ることのできる速度を「脱出速度」といいますが、それに達していれば、打ち上げられたロケットのように地球から飛び出して最終的に等速でいきます。このことはすでにお話ししました。

その間のケースでは減速しながら飛び続けます。これで3種類の運命があることになります。

速度が重力とちょうど釣り合えば、徐々にスピードを落としながら膨張を続けるでしょう。速度はかぎりなくゼロに近づいていきますが、宇宙が潰れることはありません（グラフの真ん中の線）。また、膨張速度がそれ以上に速ければ、宇宙は同じ速度で永遠に膨張を続けることになります（グラフのいちばん上の線）。

宇宙空間に描いた「三角形の内角の和」は何度？

実は、この3つの運命が、先ほどの3種類の宇宙に対応しています。これはアインシュタインの方程式から導かれることとなので詳しい説明は省略しますが、グラフのいちばん下、物質の重力が強いためいずれ収縮して潰れてしまう宇宙は、曲率がプラスの丸い宇宙です。グラフのいちばん上、重力が弱いためにいつまでも同じ速度で膨張が続くのは、曲率がマイナスの鞍型の宇宙。グラフの真ん中、膨張速度と重力が釣り合うのは、平坦な宇宙です。つまり、宇宙がどの曲がり方をしているかによって、その運命はまったく違うものになります。

私たち人類も宇宙の一部ですから、これはまったく他人事《ひとごと》ではありません。宇宙空間が丸く

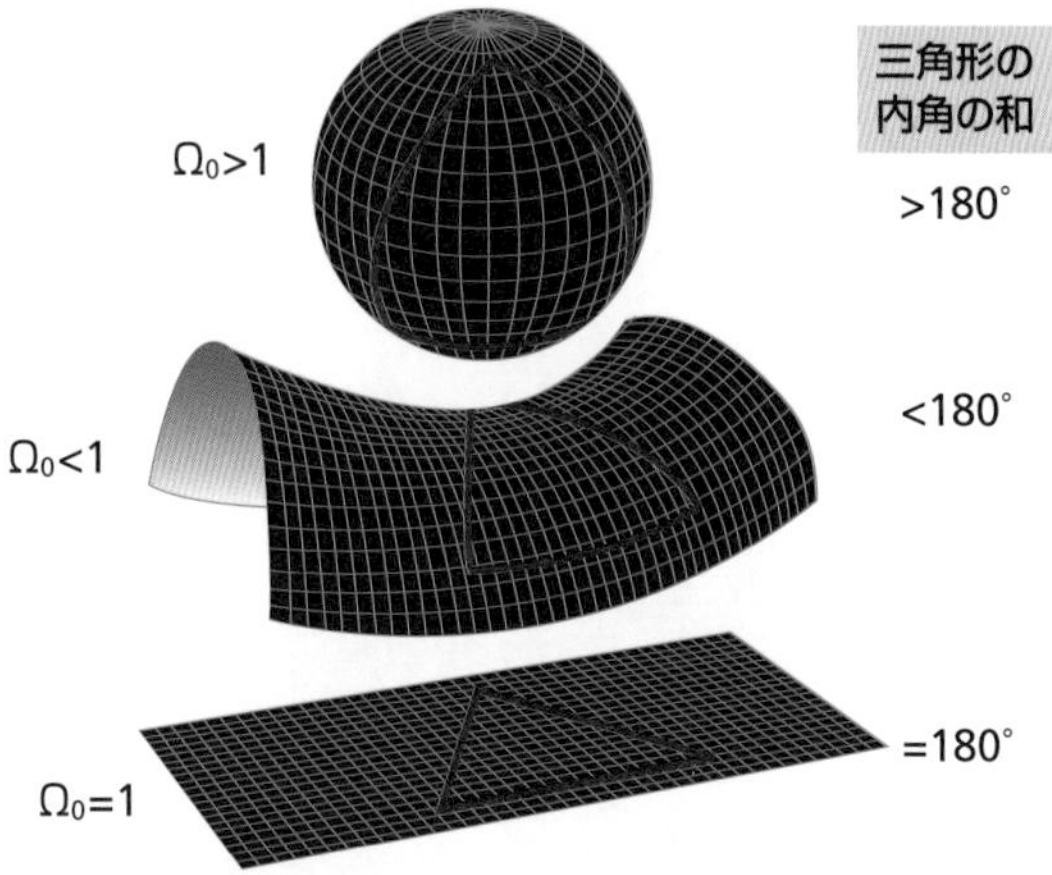

[2-20]宇宙空間に三角形を描く

閉じたものだとしたら、この自然界はいつか潰れてしまうのです。

　では、曲がり方を調べるにはどうしたらいいでしょうか。対称性はどの宇宙も同じですから、曲がり方を知るには、それ以外のことを観測しなければなりません。

　それを調べる方法は意外に単純です。空間内に三角形を描いて、その内角の和を測ればわかります。「三角形の内角の和は必ず１８０度だから、それでは何もわからないのでは？」と思う人も多いでしょう。たしかに、小学校ではそう教わります。

　でも、それは必ずしも正しくありません。三角形の内角の和が１８０度になるのは、それが平面に描かれているときだけです［２－20］。

　ためしに、地球儀の上に三角形を描いてみてください。まず北極点から赤道まで直線を引きます。次にまた北極点から、最初の線と90度で交わる方向に赤道まで直線を引く。これで、赤道を底辺とする三角形ができあがります。３つの角は、いずれも90度。内角の和は、２７０度になります。平面上にそんな三角形は描けませんが、曲がった球面上では三角形の内角の和が１８０度より大きくなるのです。

逆に、鞍型の空間では、三角形の内角の和が１８０度より小さくなります。だから、空間内に描いた三角形の内角の和を測れば、現実の宇宙が3種類のうちのどれなのかがわかるのです。

この方法で宇宙の曲がり方を知るには、宇宙スケールの巨大な三角形を描いて角度を測る必要があります。

そして、観測技術の発達は、それも可能にしました。どこにどんな三角形を描いて測定するのかについては、本書の後半のテーマと関係してくるので、後ほど別の章でお話しすることにしましょう。先に結論だけお伝えしておくと、宇宙空間に描いた三角形の内角の和は、ほぼ１８０度。つまり私たちの宇宙は、曲率がほぼゼロの平らな空間でした。

観測には誤差がつきものなので、完全に真っ平らかどうかはわかりません。およそ1％の誤差があるので、もしかすると球面のように曲がっている可能性はあります。たとえば地球上で暮らしている私たちも、見た目では地面が丸くなっていることなどわからないので、いわれなければ地面は平らだと思うでしょう。ものすごく大きな曲面は、一部だけ取ると平面に見えます。

しかし、宇宙空間が「かなり平ら」であることは間違いありません。宇宙が丸く閉じている場合、地球上をどこまでもまっすぐ進むと元の位置に戻るのと同じことが起きるでしょう。しかし仮にそうであったとしても、計算した結果、少なくとも９４００億光年先まで進まないと元には戻らないことがわかっています。

物理学者を驚かせた「気持ちの悪い」観測結果

宇宙の膨張に関しては、超新星の観測を通じて、１９９８年に驚くべきことがわかりました。70億年ほど前から、宇宙の膨張速度が加速していたのです。

そもそも超新星の観測を行ったのは、宇宙膨張の「減速」の度合いを調べるのが目的でした。宇宙はほぼ平らなので、膨張速度は徐々に遅くなっていくはずです。その度合いがわかれば、これから宇宙がどのような運命をたどるのかが推測できるでしょう。

膨張速度の変化は、「遠くの宇宙」と「近くの宇宙」の膨張速度を比較すればわかります。「遠くの宇宙」の観測は、「昔の宇宙」を観測するのと同じことだからです。膨張が減速しているなら、「遠くの宇宙」のほうが「近くの宇宙」よりも速いスピードで膨張しているに違いありません。

その観測には、「Ｉａ型超新星」と呼ばれる天体が使われました。超新星爆発は、すさまじい光を放ちます。その星がある銀河全体が明るく見えるほどですから、その明るさは１０００億個の星の明るさに匹敵するといえるでしょう。それぐらい明るいので、「遠くの宇宙」の様子を観測するにはひじょうに便利な存在なのです。

その超新星の中でも、「Ｉａ型」には、明るさがほぼ決まっているという特徴があります。したがって、地球からの距離を測るのに都合がいい。いわば、それが「１００ワットの電球」だとわかっているようなものです。明るさがわからないと、遠いから暗く見えるのか、もともと暗い電球だから近いのに暗く見えるのかがわかりません。Ｉａ型超新星は明るさがわかっているので、明るさを見るだけで、距離を正確に測れるのです。

太陽のようなありふれた星が燃え尽きると、小さな白色矮星と呼ばれる天体になります。これが連星になっているとすると、もうひとつの星から白色矮星に物質が降り積もります。実は白色矮星は最大質量が決まっています（これはインド出身の物理学者チャンドラセカールが理論的に発見したので、チャンドラセカール限界と呼ばれています）。物質が降り積もってこの質量以上になると、不安定になって爆発してしまいます。このとき質量が決まっているので、爆発後の明るさがどれも同じになるのです。

では、そのＩａ型超新星を観測することで、何がわかったのでしょうか。驚いたことに、「遠くの宇宙」より「近くの宇宙」のほうが膨張速度が速いことが判明してしまいました。宇宙膨張の減速を調べるつもりだったのに、膨張が加速していたのです。

１３８億年前に起きたビッグバン直後の初期宇宙では、膨張速度が少しずつ減速していたことが観測でたしかめられています。ところが70億年ほど前から、それが加速している。これは実に奇妙な話でしょう。空に向かって投げ上げたボールが、最初は徐々に減速したのに、途中からスピードを上げたのと同じことです。そんなことが起きたら、誰でも「気持ち悪い」と思うはずです。

私たち物理学者にとっても、これはひどく気持ちの悪い観測結果でした。膨張速度は宇宙にある物質の重力によって決まるはずなので、減速することはあっても加速することなど考えられません。それが事実ならば、重力で引っ張られるよりも大きな力で、何かが宇宙膨張を後押ししていることになります。

その「何か」の正体はまだまったくわかっていませんが、とりあえず「暗黒エネルギー」と名付けられました。なにしろ正体がわからないので、現在の加速膨張がそのまま続くのかどうかもわかりません。途中から加速したのなら、また途中で減速に転じる可能性もあるでしょう。しかし、もしこのまま加速膨張が続けば、いずれ膨張速度が無限大になり、宇宙全体が引き裂かれるようにして終わってしまうかもしれません。かつては３パターンだった「宇宙の運命」に、新たな選択肢が加わったわけです。

第3章
「究極の統一理論」という夢

自然界を支配する物理法則には右と左の区別がない

加速膨張の発見によって、宇宙がこれからどんな運命をたどるのかは、物理学における大きな謎になりました。しかしいずれにしろ、宇宙が高い対称性を持っており、物理学者にとって「美しい空間」であることに変わりはありません。

そこで次に、その美しい自然界を支配する物理法則の「美しさ」について考えてみましょう。前章の冒頭に紹介した言葉を見てもわかるとおり、物理学者の多くは、「簡潔で美しい自然界」を説明する法則や理論もまた、簡潔で美しいはずだと考えています。

では、美しい物理法則とはどういうものでしょうか。

それが美しいと感じられるためにまず求められるのは、やはり対称性です。対称性の高い空間には「特別な領域」がありませんが、物理法則も「特別な状況にだけ当てはまる」ようでは美しいとはいえません。「この場合はこの法則、あの場合はあの法則」といった具合に、いちいち使う法則が変わるのでは困ります。あまり複雑なものにならないよう、物理法則にはなるべく高い対称性を持ってほしいのです。

たとえば、左右の対称性。写真［3－1］はジュネーヴのレマン湖にある大きな噴水ですが、この水の動きや広がり具合は、当然ながら物理法則によってすべて説明できます。その法則が

[3-1]ジュネーヴのレマン湖にある大きな噴水(右側が本物)
Credit : iStock.com/stefanopolitimarkovina

もし左右対称でなかったら、どうなるでしょうか。たとえば重力の働き方が左右で違ったら、水の勢いや風の強さなどの条件が同じでも、写真を反転させたような噴水はできないことになってしまいます。しかし、もちろん写真を反転させた噴水を作ることはできるので、右と左に区別がないことがわかります。

「鏡映対称」といって、どんな物理現象も鏡に映したときには同じ法則が当てはまります。だから、コマの回転は時計回りでも反時計回りでも同じですし、宇宙の銀河には左巻きのものもあれば右巻きのものもある。自然界を支配する物理法則は、左右を選びません。

ただしこれには、ひとつだけ例外があることがわかっています。「弱い力」と呼ばれる力は、右と左を区別するのです。

自然界に「4つの力」が存在することは、第1章でも触れました。そのうち、重力と電磁気力の2つは私たちの日常の世界でも感じられますから、とくに説明はいらないでしょう。ピンと来ないのは、「強い力」と「弱い力」の2つです。これは原子核レベルのミクロの世界で働く力で、それぞれの名前は電磁気力よりも力が「強い」「弱い」という意味です。強い力は粒子がバラバラにならないように束ねる力、弱い力は粒子の性質を変えてしまう力だと思ってください。

「弱い力」だけは右と左を区別する

強い力がなければ、物質の基本単位である素粒子が陽子や原子核などの形にまとまらないので私たちの体も作れませんし、弱い力がなければ太陽内部で核融合反応が起きることもありません。前に述べたとおり、弱い力の働きで陽子が中性子に変身することで、4個の水素原子核からヘリウムの原子核が生まれます。強い力も弱い力も、その存在を実感することはできないとはいえ、私たちの存在に大きく関わっています。

この4つの力のうち、重力、電磁気力、強い力の3つは左右を区別しません。空間を反転させても、同じように作用します。ところが弱い力だけは、「左利き」であることがわかりました。物質を構成する粒子には「スピン」という性質があり、その回転には左巻きと右巻きがあるのですが、弱い力に反応するのは左巻きの粒子だけなのです。

本書では詳しく説明しませんが、この不思議な性質は、２０１２年にヒッグス粒子と呼ばれる粒子の発見でひとまず完結した現代物理学の金字塔である「標準理論」によって説明できることがわかっています。しかし理論的には説明できても、自然界に右と左の区別があることは、物理学者にとってかなり意外なことでした。

とはいえ、弱い力の働き方は例外中の例外です。それを除けば、物理法則はすべて鏡映対称であり、左右を反転させても同じように現象を説明することができます。

また、物理法則が持つ対称性はそれだけではありません。宇宙に特別な向きがない、ぐるぐる回しても変わらない、という回転対称性も備えています。

たとえば第1章で紹介したさまざまな銀河の写真を見ても、それは明らかでしょう。地球から観測される銀河の中には、ディスクが真上から見える（ディスクの広さがわかる）ものもあれば、真横から見える（ディスクの厚みがわかる）ものもあります。もちろん、斜め上から見えるものもある。つまり、決まった向きがありません。物理法則に回転対称性がないとしたら、銀河の向きはこんなふうにランダムにはならないでしょう。物理法則が「どちらを向いても同じ」だからこそ、銀河はいろいろな方向を向いているのです。

また、すべてのミクロな物質粒子には、反対の電荷を持つ反粒子が存在することがわかっています。プラスの電荷を持つ陽子の反粒子はマイナスの電荷を持つ反陽子、マイナスの電荷を持つ電子にはプラスの電荷を持つ陽電子（反電子）、といった具合です。

　重力、電磁気力、強い力の３つは、物質と反物質を区別しません。もし反物質でできたリンゴがあったとしたら、物質のリンゴと見た目は同じで、同じように木から落ちます。これは「荷電共役《かでんきょうやく》」の対称性と呼ばれています。

　しかしここでも弱い力はへそまがりで、物質と反物質を区別します。左巻きの物質粒子だけに働く弱い力は、反物質の場合、右巻きだけに働くのです。

　でもこの段階では、右と左の入れ替え（鏡映対称性Ｐ）と、さらに粒子と反粒子の入れ替え（荷電共役Ｃ）との両方を行えば、弱い力も離散対称性を持つように見えます。しかし弱い力はとことん変わり者で、２つを組み合わせたＣＰの対称性をも破っているのです。

　この不思議な性質は、２００８年にノーベル物理学賞を受賞した「小林・益川理論」によって説明できることがわかっています。しかし理論的には説明できても、自然界に右と左、物質と反物質の区別があることは、物理学者にとってかなりショックなことでした。

　宇宙空間に「特別な場所」がないことは87ページで触れました。このことは物理法則にも、どこへ移動しても変わらない、並進対称性があることを示しています。もし法則に並進対称性がなく、たとえば重力の強さが場所によって違っていたら、宇宙空間の物質密度は場所によってもっと極端に違うはずです。これほど一様に物質が分布しているということは、物理法則もすべての場所で同じように働いていると考えていいでしょう。

本当は空間の物質密度が一様ではないのに、それぞれの場所で異なる物理法則が作用して全体を均一にしている――という可能性がまったくないわけではありませんが、それはあまりにも不自然です。物理法則が「どこでも同じ」だから、物質密度も「どこでも同じ」になっていると考えるのが自然です。

「誰から見ても同じ」という対称性

以上、物理法則に鏡映対称性、回転対称性、並進対称性があることを見てきました。それに加えてもうひとつ、物理法則には重要な対称性があります。それは「誰から見ても同じ」という対称性です。

たとえば、あなたが駅で新幹線に乗車したとき、窓から隣のホームに停車している別の新幹線が見えたとします。最近の新幹線は動き出しがスムーズなので、自分の新幹線が出発したことに気づかないこともあります。そんなとき、窓から外を見ていたあなたは、隣の新幹線が後ろに向かって動き出したのだと錯覚するのではないでしょうか。

しかし2つの新幹線の動きだけを物理学的に考えると、これは必ずしも「錯覚」とはいえません。あなたの新幹線が前進したと考えてもいいし、隣の新幹線が後退したと考えてもかまわない。そこで起きている物理現象は、両者の運動の「差」でしかないのです。

もちろん新幹線の場合は「地面」という要素があるので、それを含めて考えれば、実際にはあなたの新幹線が動いていて、隣の新幹線は止まっていることになるでしょう。でも、地面のない宇宙空間に2台の宇宙船が並んでいるとしたら、どちらかが止まっていると考えることにはあまり意味がありません。どちらが止まっているのか、区別することができないのです。

その2台が宇宙空間ですれ違ったとき、窓から外を見ている宇宙船Aの乗組員は「宇宙船Bを抜いた。おれたちのほうが速い」と思うかもしれません。しかし本当にそうかどうかは、わかりません。宇宙船Bは止まっているだけかもしれないし、後退している可能性もあります。宇宙船Bの乗組員は、Aとすれ違ったときに「自分たちのほうがAより速いスピードでバックして抜いた」と思うかもしれないのです。

では、物理学的な正解は何か。ここで観測される事実は、隣の宇宙船が止まっていると考えたときにそれぞれの宇宙船がどんな速度で移動しているかという「相対速度」だけです。その値は、AもBも変わりません。どちらも、同じ相対速度で動いている。空を飛んでいる航空機の速度のことを「対地速度」といいますが、これも、飛行機が止まっていると考えれば、地面が同じ速度（あえて名付けるなら「対機速度」となるでしょうか）で動いているといえるわけです。

この相対速度は、Ａの乗組員から見ても、Ｂの乗組員から見ても、その２台を外から観察している第三者から見ても、変わりません。つまり、そこには「誰から見ても同じ」という性質がある。これを「相対性」と呼びます。この相対性も、物理学にとってはきわめて大切な対称性のひとつです。

「簡潔でエレガントで説得力ある理論」の誘惑

これまで物理学は、こうした対称性を大事にしながら、さまざまな法則を見つけてきました。前に紹介したマレー・ゲルマンの言葉どおり、「美しい、またはエレガントな理論は、そうでない理論と比べて正しい可能性が高い」という確信がそこにはあります。

しかし当然のことながら、どんなに美しいと思える理論でも、自然現象を正しく説明できないのでは意味がないでしょう。先ほどの「弱い力」の働き方もそうですが、対称性が崩れているからといって、物理学者の望む「美しい法則」に自然現象を合わせることはできません。１９６４年にＣＭＢが発見される前の時代に、ビッグバン理論に対抗して「定常宇宙論」を唱えたことで知られる天文物理学者トーマス・ゴールドは、こんな言葉を残しています。

「複雑な自然現象にはどれにも、簡潔で、エレガントで、説得力があり、かつ間違った説明があるものだ」

定常宇宙論は、イギリスの著名な天文学者フレッド・ホイルが中心となって提唱した理論でした。ハッブルの発見した宇宙膨張を、ビッグバンなしで説明しようとするものです。空間が膨張するにしたがって新しい物質が生成されているから、宇宙の物質密度は過去も未来も一定であり、したがって宇宙にはビッグバンのような「始まり」などない——簡単にいうと、それが彼らの定常宇宙論でした。

ＣＭＢの発見でビッグバン仮説の正しさが裏付けられるまでは、かなり「簡潔で、エレガントで、説得力」がある理論だったでしょう。しかし結果的に、これは間違っていました。それを踏まえてゴールドの言葉を聞くと、これ自体に相当な「説得力」があります。

ちなみに「自然は素晴らしく簡潔で、だから素晴らしく美しい」と語ったリチャード・ファインマンも、その一方で科学者にこんな警告を発しています。

「あなたの理論がどんなに美しいか、あなたがどんなに頭がよいかは関係ない。実験と合わないのなら、あなたの理論が間違いだ」

誰が考えても当たり前の話ではありますが、その当たり前のことをわざわざいいたくなるぐらい、「美しい理論」は物理学者にとって魅力的なものだということです。実験や観測でたしかめられるまでは、美しい理論も仮説にすぎません。

アリストテレス

［3-2］アリストテレス的宇宙（ペトルス・アピアヌス『宇宙誌』1539年）

実際、これまでの歴史を振り返れば、美しい理論が観測で否定されたことはたくさんあります。たとえば古代ギリシャの人々は、当初、太陽、月、惑星などの天体が地球の周りを回っていると考えました。しかも、その軌道は完全な円です［３－２］。実に対称性の高い美しい世界ですから、「こうであってほしい」という気持ちはよくわかります。私もその時代に生きていたら、これを信じたかもしれません。

しかしこのアイデアは、実際の観測とまったく合致しませんでした。とくにおかしいのは、木星や土星などの動きです。太陽や月やほかの星々と違い、途中で進行方向を変えて後ろに戻ったり、また前進したりする。そういう不規則な動き方で見る者を惑わせるので、それらの天体は「惑星」と名付けられました。

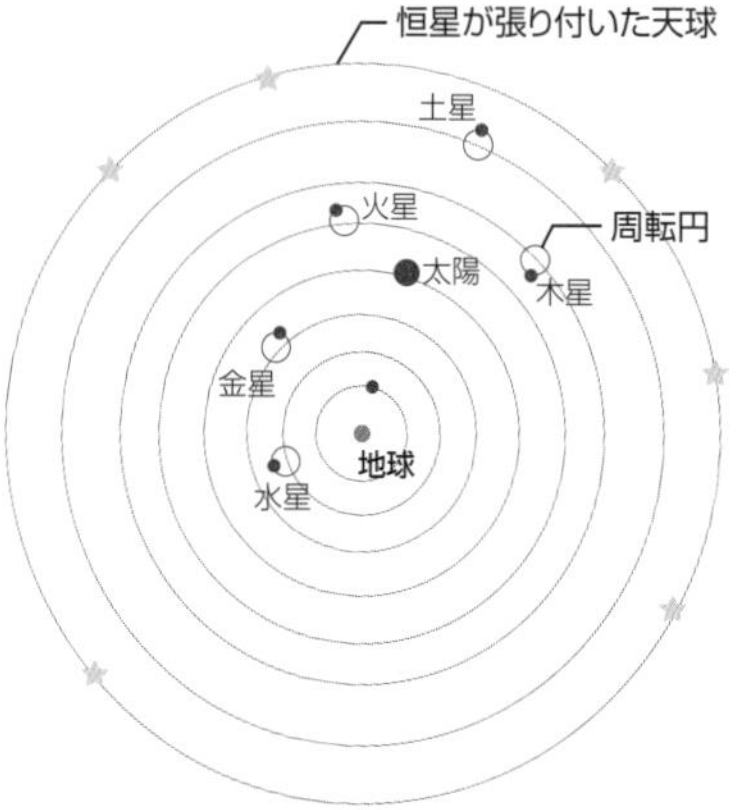

プトレマイオス

[3-3] **プトレマイオスの宇宙像**

天動説から地動説へ、円軌道から楕円軌道へ

この惑星の動きを説明するために、古代ギリシャ時代の理論に修正を加えたのが、古代ローマの天文学者プトレマイオスです。地球を中心とする円軌道である点は同じですが、プトレマイオスはその軌道上にもうひとつ小さな円軌道（周転円）があると考えました［3－3］。たしかにこれなら、惑星が地球の周りを回りながらときどき逆行することを説明できます。

このアイデアを含めてプトレマイオスが書いた『アルマゲスト』は、いわゆる天動説を支える理論として長く正しいと信じられました。プトレマイオスが生きたのは紀元1～2世紀で、コペルニクスの地動説が登場したのは16世紀のことです。

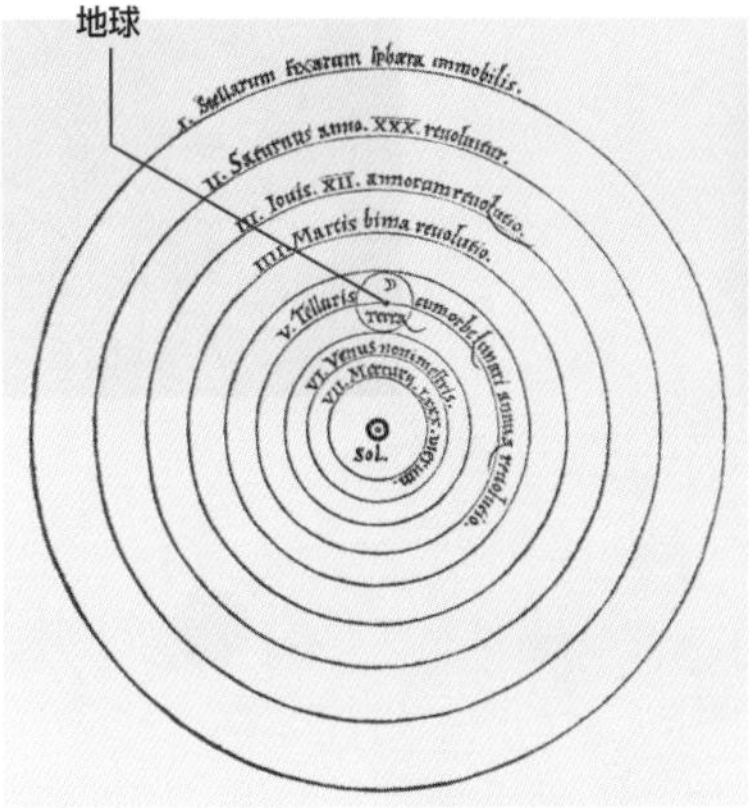

コペルニクス

［3-4］**コペルニクスによる地動説のイメージ**
（『天球の回転について』1543年）

しかし、地球もほかの惑星と同じように太陽の周りを回っていると見抜いたコペルニクスも、その軌道が「円」であることは疑おうとしませんでした［3－4］。地動説は天動説よりも惑星の動きをシンプルに説明できる美しい理論です。しかし「美しさ」を大事にするからこそ、円軌道という対称性の高い理論を否定するのは難しかったのかもしれません。「地球が宇宙の中心にある」という先入観は捨てることができても、「円軌道」という先入観までは捨てられませんでした。

この「簡潔で、エレガントで、説得力があり、かつ間違った説明」を正したのは、ドイツのヨハネス・ケプラーです。彼は、惑星の軌道は円ではなく楕円だとしました［3－5］。そう考えると、実際の観測結果ときれいに一致します。

ケプラー

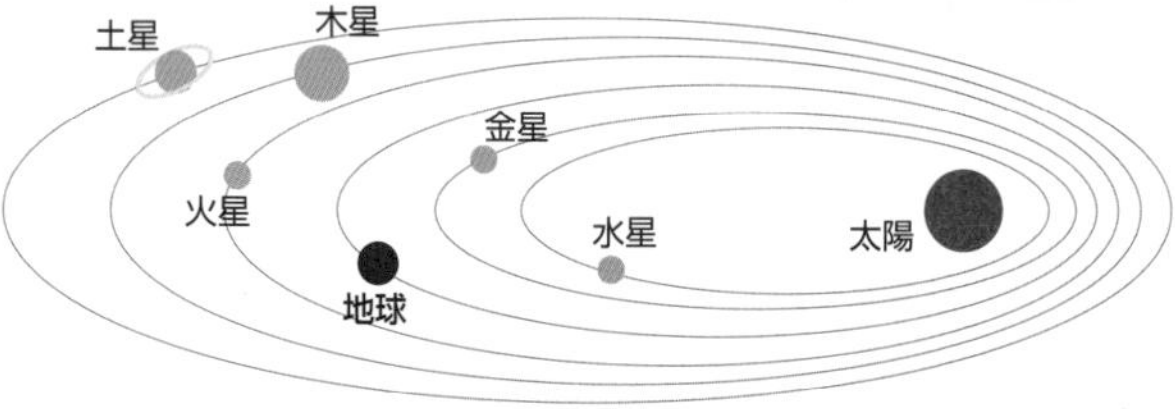

[3-5] ケプラーが発見した、惑星の楕円軌道

ケプラーはそのほかにも、惑星と太陽を結ぶ線分が一定の時間で描く面積が常に同じであること（面積速度一定の法則）や、惑星の公転周期の2乗が軌道の長半径の3乗に比例することを発見し、その後これは「ケプラーの法則」と呼ばれました。これによって、惑星と太陽のあいだに何か力が働いていることがわかり、それが後にニュートンの「万有引力の法則」の発見につながったのです。

ケプラーが発見した「楕円軌道」は、それまで考えられていた「円軌道」と比べると対称性が少なく、その意味では美しさに欠ける法則といえるかもしれません。しかしケプラーの法則は、それを補ってあまりあるほど別の美しさを備えていました。それは、「シンプル」であることです。

円軌道で惑星の動きを理解しようとすると、コペルニクス的な地動説であっても、その説明は複雑にならざるを得ませんでした。火星、木星、土星などの惑星ごとに、別々の説明を考えなければ観測と一致しなかったのです。

ところが楕円軌道で考えると、その複雑さがすっかりなくなりました。ケプラーの法則ひとつで、すべての惑星の動きを説明できたのです。これは、実に気持ちがいい。円軌道という「美しい理論」は間違っていましたが、ケプラーの法則は「やはり簡潔な理論は正しい可能性が高いのだ！」といいたくなる美しさを持っています。

リンゴから宇宙へ、ニュートンが発見した統一理論

ケプラーの法則のように、ひとつの法則でたくさんの事象を説明できる理論のことを「統一理論」といいます。シンプルで経済的な理論が美しいのだとすれば、統一理論もまた、対称性の高い理論に優るとも劣らない美しさがあるといえるでしょう。ですから私たち物理学者は、さまざまな理論の統一をとても大事にします。

ケプラーの次に偉大な統一理論を発見したのがニュートンでした。ケプラーの法則は惑星の動きを統一的に説明しましたが、それがどんな力によるのかについては何も語っていません。それを「万有引力」で説明したのが、ニュートンです。「万有」という以上、その引力は太陽

と惑星のあいだだけで働くのではありません。地上でリンゴが木から落ちるのも、万有引力によるものです。

ニュートン以前にも、地上で物体が落下する現象を研究した物理学者はいました。たとえばガリレオ・ガリレイもそのひとりです。ピサの斜塔から重い球と軽い球を同時に落としたという有名な実験は本当は行われていないそうですが、斜面に球を転がす実験などを通じて、ガリレオは重い物も軽い物も同じ速度で落ちることに気づいていました（ちなみに、この実験を空気抵抗のない月面で行って、ハンマーと羽根が同時に落ちることを確認したのは、アポロ15号のデイヴィッド・スコット宇宙飛行士です〈動画 Apollo 15 Hammer-Feather Drop〉）。

しかしガリレオは、それを惑星の運動に当てはめようとはしていません。天体には地上の物質とは違う別の性質があると考えていたようです。当時は、天上の世界（宇宙）と地上の世界が別々の法則に支配されていると考えられていました。

それを「統一」したのが、ニュートンの万有引力の法則にほかなりません。これによって、惑星が楕円軌道を描くのが、リンゴが木から落ちるのと同じ理由であることが明らかになりました。実に見事な統一理論です。しかもニュートンは、そのすべての運動を「F=ma」というシンプルな運動方程式で説明しました。Fは物体に加わる力、mは物体の質量、aは加速度です。撃った大砲の弾が落ちる地点から、月や惑星の動きまで、あらゆる物体の運動がこの式ひとつで計算できるのです。

ちなみにこの「F=ma」という運動方程式は、それ自体がきわめて高い対称性を持っています。3次元空間におけるあらゆる運動に当てはまるので、3つの並進対称性と3つの回転対称性を持っている。それに加えて、速度を相対的に計算するなどの点で相対性も満たしています。というのは、加速度は「速度がどう変化するか」という量なので、動いている人から見ても止まっている人から見ても、加速度は同じになるからです。ニュートンの力学は、物理学者が「美しい」と感じるために必要な条件をすべて兼ね備えていました。

ただしその理論には、ニュートン自身も納得していなかった問題点がひとつだけあります。ニュートンは、ガリレオが発見した謎に答えることができませんでした。重い物体と軽い物体が同じ速度で落下することを、万有引力の法則では説明しきれなかったのです。

それについて、ニュートンがまったく沈黙していたわけではありません。一応の説明は試みました。それは、こういうものです。高校の物理では現在もこういう教え方をしているので、覚えている人もいるでしょう。

重い物体は軽い物体よりも重力が強く働くので、それだけ比較すると速く落下するはずです。しかし質量が大きい物体には「動かしにくい」という性質もあるので、それを比較すると軽い物体のほうが速く落下する。その「重力の強さ」と「動かしにくさ」の値がピッタリ同じだから、差し引きするとプラスマイナスゼロになり、重い物も軽い物も同じ速度で落下する——というのです。

でも、そんなに都合のいい話をすぐに信じられるでしょうか。重力の強さと質量（動かしにくさ）は、お互いにまったく関係がなく思えます。それがたまたま同じだからキャンセルされるというのは、後付けの屁理屈といわれても仕方がないでしょう。

ニュートン本人も、この説明には歯切れの悪さを感じていました。数々の偉大な業績によって物理学の発展に大きく寄与したニュートンですが、この謎をきちんと説明できなかったことは、最後まで悔いていただろうと思います。

アインシュタインの「生涯で最高のひらめき」とは？

ニュートンが、万有引力の法則を含めた自らの力学体系を『自然哲学の数学的諸原理（プリンキピア）』という大著にまとめ上げたのは、１６８７年のことです。そこで積み残された重力の謎が解明されるまでには、２００年以上の歳月がかかりました。１９１５年にアインシュタインが一般相対性理論を発表するのを待たなければならなかったのです。

先ほど私は、自然界に「４つの力」があると書きました。重力も、そのひとつです。もちろんニュートンも、万有引力という「力」があると考えていました。その「力」と質量による動かしにくさがピタリと釣り合うことが、大きな謎だったのです。

ところが、アインシュタインの一般相対性理論によれば、重力現象は「力」で説明できるものではありません。たしかに力が働いているように見えるけれど、それは重力の本質ではない。その証拠に、重力は消すことができます。アインシュタインは、ある思考実験によってそれに気づきました。たとえば窓のないエレベーターが自由落下するとき、その中にいる人はフワフワと宙に浮いてしまい、重力を感じません。

最近では国際宇宙ステーションにいる宇宙飛行士が無重力状態でフワフワ浮き、ボールを手から離しても同じようにフワフワ浮いている様子をテレビでもよく見るようになりました。ラジオ体操をする若田光一さんは、床に足がついていないし、壁にぶつかったり、体全体がクルクル回ったりと、とても大変そうで、失礼ながら笑ってしまいました（https://www.youtube.com/watch?v=lYjnQ2mAb8k）。

これも、地球を回る国際宇宙ステーションは「自由落下」していて、同じく「自由落下」している宇宙飛行士と一緒に落下するので、「無重力」に見えているためです。これをアインシュタインは「生涯で最高のひらめき」だったと語っています。

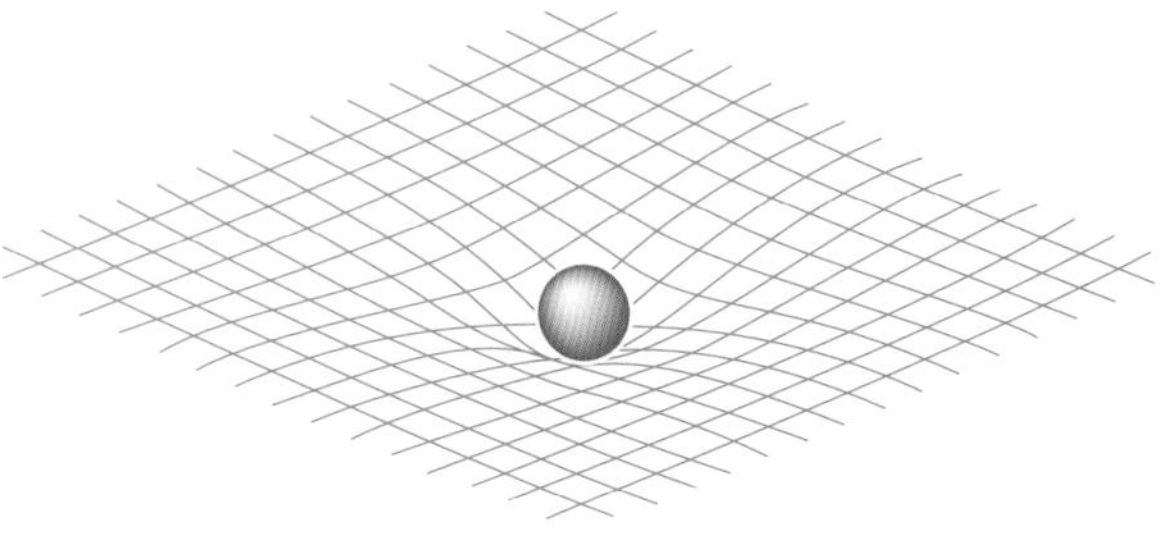

[3-6]**重力現象の本質は「空間の歪み」**

では、重力現象の本質とは何でしょう。アインシュタインは、それを「空間の歪み」だと見抜きました。何もない空間が歪むとは、ふつうは誰も考えません。しかしアインシュタインによれば、質量を持つ物体があると、その質量が大きいほど空間は大きく歪みます［3－6］。トランポリンの布にそっと重いボールを置くと、布が沈み込むのと似ています。

だとすれば、たとえば太陽や地球のように質量の大きな天体の周囲では、かなり空間が歪むでしょう。その近くを別の小さな天体が通過しようとすると、どうなるか。まっすぐ進もうとしても、空間が歪んでいるのでコースが曲がってしまいます。

第1章でもお話ししたように、重いボールで沈み込んだトランポリンの上にピンポン球を転がすと、ピンポン球はボールの周りを回り始め、最後はボールに向かって落ちていきます。ボールには、直接ピンポン球を引っ張る力があるわけではありません。布が沈み込んでいるので、ピンポン球はまっすぐ行っているつもりですが、空間の歪みに沿って曲がってしまうのです。これと同じ理由で、惑星は太陽に、月は地球に引っ張られているように見えるのです。

それならば、重い物体も軽い物体も同じ速度で落下するのは当たり前でしょう。その速度は、物体の質量とは関係ありません。どんな質量の物体でも、空間の歪みに沿って同じように曲がります。

これが、ニュートンが解けなかった問題に対する、アインシュタインの答えでした。重力の本質が空間の歪みだと考えれば、「なぜ重力と動かしにくさが釣り合うのか」と問うこと自体に意味がないのです。

東京スカイツリーの上と下では時間の流れが違う！

この一般相対性理論の登場によって、重力に関する理解は大きく前進しました。空間が歪むこと以外にも、アインシュタインは驚くべきことを見つけています。重力の強い空間ほど時間が遅れるというのです。ここでその理由を詳しく説明する余裕はありませんが、アインシュタイン理論が正しいとすると、その奇妙な現象も認めざるを得ません。アインシュタインは、空間と時間の両方に関する常識をひっくり返したのです。

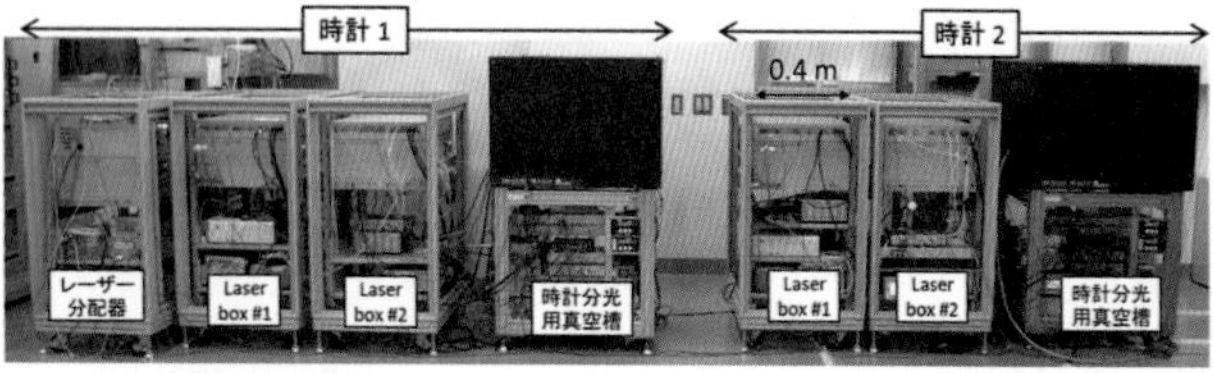

［3-7］**可搬型光格子時計**　©2021 香取秀俊

重力で時間が遅れるなんて信じられない、という人もいるでしょう。しかし私たちは、すでにその性質を計算に入れたシステムのお世話になっています。カーナビやスマートフォンの地図機能に欠かせないＧＰＳがそれです。

一般相対性理論より10年早く発表した特殊相対性理論で、アインシュタインは「物体の速度が光速に近づくほど時間が遅れる」ことも明らかにしていました。だとすると、高速で地球の周りを動いている人工衛星を利用するＧＰＳシステムには、２種類の「時間の遅れ」が生じることになります。速度による遅れと、地球の重力による遅れです。

その両方をきちんと計算して、人工衛星に搭載した時計を補正しなければ、ＧＰＳは地上の距離を正確に測ることができません。それをしないで放っておくと、１日になんと約11キロメートルもの誤差が生じてしまい、まったく使い物にならないのです。

そして、２０２０年には、東京スカイツリーの上と下で時間の流れが違うことが実験的に証明されました。

東京大学教授で理化学研究所主任研究員も務める香取秀俊さんは、世界で最高級の精度を誇る光格子時計を、持ち運びできるようにコンパクトにすることに成功しました［3−7］。香取さんたちの研究グループは、その時計を、スカイツリーの地上階と、高さ450メートルの展望台の両方に置いて、光ファイバーでつないで違いを調べました。

すると、2つの時計は、1日あたり4・26ナノ秒ずれていくことがわかりました。これがどんなすごい精度かというと、日本の国家予算100兆円をすべて1円玉にし、その数を間違えず最後の1個まで数えられる、という精度です（私なら1兆個くらい平気で間違えそうです）。そしてこのデータは、一般相対性理論で期待されるズレそのものだったのです。

リンゴからクォークへ、ミクロの世界の統一理論

これまで見てきたように、古代ギリシャから始まった惑星軌道の研究は、コペルニクス、ガリレオ、ケプラー、ニュートンらの手を経て重力理論に統一され、ついにアインシュタインの相対性理論までたどり着きました。これによって、重力が大きな影響力を持つマクロの世界の物理現象は、かなり深いところまで理解できるようになりました。

しかし、重力は「4つの力」の中では極端に弱いので、ミクロの世界では無視できる程度の存在にすぎません。ニュートンの重力理論は天体から地上のリンゴまで統一しましたが、それ

原子番号
元素記号
元素名
原子量

1
H
水素
1.008

( )内の数値は代表的な同位体の質量数を示す。

10族	11族	12族	13族	14族	15族	16族	17族	18族	
								2 He ヘリウム 4.0026	1周期
			5 B ホウ素 10.81	6 C 炭素 12.011	7 N 窒素 14.007	8 O 酸素 15.999	9 F フッ素 18.998	10 Ne ネオン 20.180	2周期
			13 Al アルミニウム 26.982	14 Si ケイ素 28.085	15 P リン 30.974	16 S 硫黄 32.06	17 Cl 塩素 35.45	18 Ar アルゴン 39.95	3周期
28 Ni ニッケル 58.693	29 Cu 銅 63.546	30 Zn 亜鉛 65.38	31 Ga ガリウム 69.723	32 Ge ゲルマニウム 72.631	33 As ヒ素 74.922	34 Se セレン 78.972	35 Br 臭素 79.904	36 Kr クリプトン 83.798	4周期
46 Pd パラジウム 106.42	47 Ag 銀 107.87	48 Cd カドミウム 112.41	49 In インジウム 114.82	50 Sn スズ 118.71	51 Sb アンチモン 121.76	52 Te テルル 127.60	53 I ヨウ素 126.90	54 Xe キセノン 131.29	5周期
78 Pt 白金 195.08	79 Au 金 196.97	80 Hg 水銀 200.59	81 Tl タリウム 204.38	82 Pb 鉛 207.2	83 Bi ビスマス 208.98	84 Po ポロニウム (210)	85 At アスタチン (210)	86 Rn ラドン (222)	6周期
110 Ds ダームスタチウム (281)	111 Rg レントゲニウム (280)	112 Cn コペルニシウム (285)	113 Nh ニホニウム (278)	114 Fl フレロビウム (289)	115 Mc モスコビウム (289)	116 Lv リバモリウム (293)	117 Ts テネシン (293)	118 Og オガネソン (294)	7周期

64 Gd ガドリニウム 157.25	65 Tb テルビウム 158.93	66 Dy ジスプロシウム 162.50	67 Ho ホルミウム 164.93	68 Er エルビウム 167.26	69 Tm ツリウム 168.93	70 Yb イッテルビウム 173.05	71 Lu ルテチウム 174.97
96 Cm キュリウム (247)	97 Bk バークリウム (247)	98 Cf カリホルニウム (252)	99 Es アインスタイニウム (252)	100 Fm フェルミウム (257)	101 Md メンデレビウム (258)	102 No ノーベリウム (259)	103 Lr ローレンシウム (262)

	1族	2族	3族	4族	5族	6族	7族	8族	9族
1周期	1 H 水素 1.008								
2周期	3 Li リチウム 6.94	4 Be ベリリウム 9.0122							
3周期	11 Na ナトリウム 22.990	12 Mg マグネシウム 24.305							
4周期	19 K カリウム 39.098	20 Ca カルシウム 40.078	21 Sc スカンジウム 44.956	22 Ti チタン 47.867	23 V バナジウム 50.942	24 Cr クロム 51.996	25 Mn マンガン 54.938	26 Fe 鉄 55.845	27 Co コバルト 58.933
5周期	37 Rb ルビジウム 85.468	38 Sr ストロンチウム 87.62	39 Y イットリウム 88.906	40 Zr ジルコニウム 91.224	41 Nb ニオブ 92.906	42 Mo モリブデン 95.95	43 Tc テクネチウム (99)	44 Ru ルテニウム 101.07	45 Rh ロジウム 102.91
6周期	55 Cs セシウム 132.91	56 Ba バリウム 137.33	※1	72 Hf ハフニウム 178.49	73 Ta タンタル 180.95	74 W タングステン 183.84	75 Re レニウム 186.21	76 Os オスミウム 190.23	77 Ir イリジウム 192.22
7周期	87 Fr フランシウム (223)	88 Ra ラジウム (226)	※2	104 Rf ラザホージウム (267)	105 Db ドブニウム (268)	106 Sg シーボーギウム (271)	107 Bh ボーリウム (272)	108 Hs ハッシウム (277)	109 Mt マイトネリウム (276)

単体の物質が金属的性質(光沢がある、電気や熱をよく通す、陽イオンになりやすい、など)を持つ。

単体の物質が非金属的性質を持つ。

単体の物質がその中間の(半導体的、半金属的)性質を持つ。

※1 ランタノイド系 (57~71)	57 La ランタン 138.91	58 Ce セリウム 140.12	59 Pr プラセオジム 140.91	60 Nd ネオジム 144.24	61 Pm プロメチウム (145)	62 Sm サマリウム 150.36	63 Eu ユウロピウム 151.96
※2 アクチノイド系 (89~103)	89 Ac アクチニウム (227)	90 Th トリウム 232.04	91 Pa プロトアクチニウム 231.04	92 U ウラン 238.03	93 Np ネプツニウム (237)	94 Pu プルトニウム (239)	95 Am アメリシウム (243)

[3-8]元素周期表

は「マクロ」の世界の話。その天体やリンゴを原子レベルまで分解したミクロの世界の物理現象を説明するには、ニュートンやアインシュタインとは別の理論が必要になります。

その分野の研究も、やはり古代ギリシャから始まりました。岩石、水、空気、植物、動物など、自然界に存在するさまざまな物質の根源は、いったい何なのか。それを考える中で出てきたのが、デモクリトスという哲学者の「原子論」です。古代ギリシャの物質論といえばアリストテレスの四大元素論（火・空気・水・土が物質の根源だという説）が有名ですが、デモクリトスはすべての物質が原子（アトム）という基本単位からできていると考えました。

17世紀以降は、化学の発展によって、さまざまな元素が発見されます。現在、その数は１１８種類［３－８］。２００４年に理化学研究所で初めて合成され、２０１６年に正式にニホニウムと命名された１１３番元素も含まれます。私たちの身の回りにあるすべての物質が、たったそれだけの元素の組み合わせで説明できるのですから、これも立派な「統一理論」といえるでしょう。

でも、理論の統一はそこでは終わりません。１００種類以上ある元素は、いずれも「原子核＋電子」の組み合わせです。さらに、原子核は陽子と中性子の組み合わせでできている。電子、陽子、中性子というたった３つの粒子ですべての物質を説明できるのです。１００種類の元素ではまだ複雑な印象がありましたが、これは多くの物理学者を満足させるシンプルで美しい理

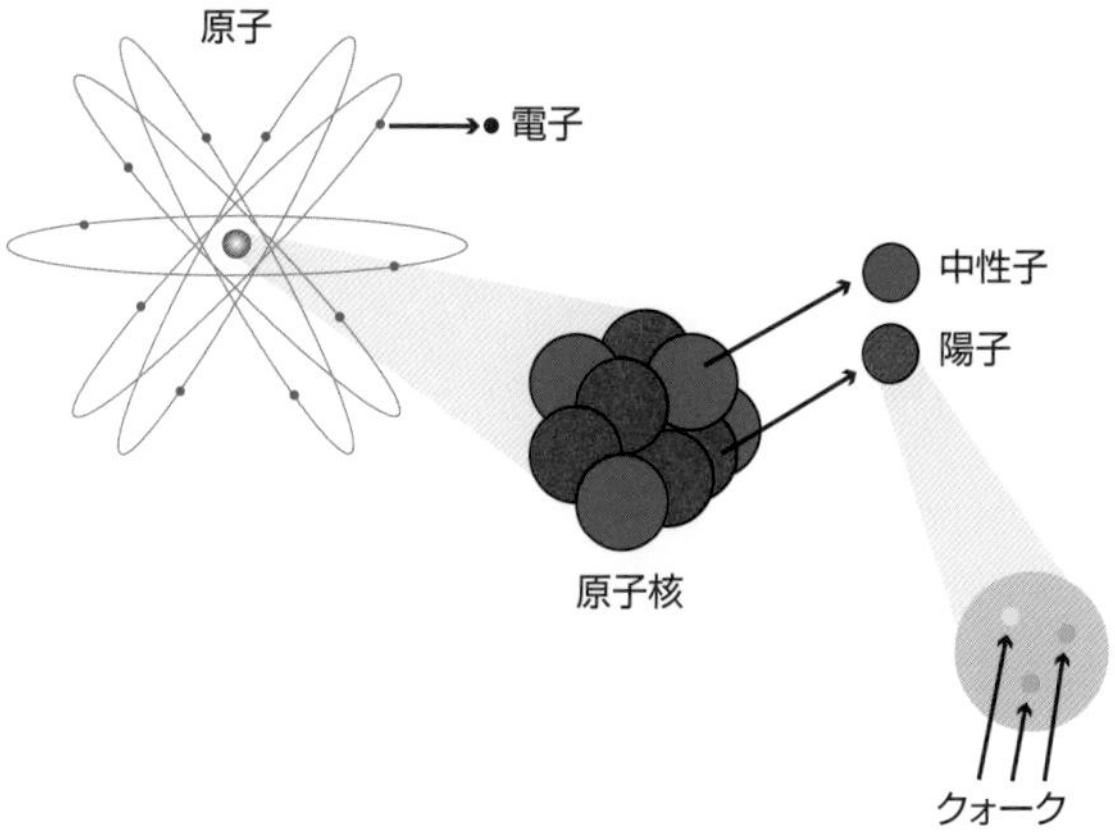

[3-9]原子の構造

論だといえるでしょう。

しかし、この話にはまだ続きがあります。電子は分割できない最小単位（＝素粒子）ですが、陽子と中性子はクォークと呼ばれる素粒子からできていました。陽子はアップクォーク2個とダウンクォーク1個、中性子はアップクォーク1個とダウンクォーク2個。「アップ」と「ダウン」は持っている電荷が少し違いますが、いずれもクォークの仲間です。だとすれば、この世の物質はすべて「電子」と2つの「クォーク」という3つの組み合わせで説明できることになります［3－9］。

素粒子が17種類もあるのは多すぎる？

ただし、それによって物質の理論がますます簡潔になったかというと、実はそうでもありま

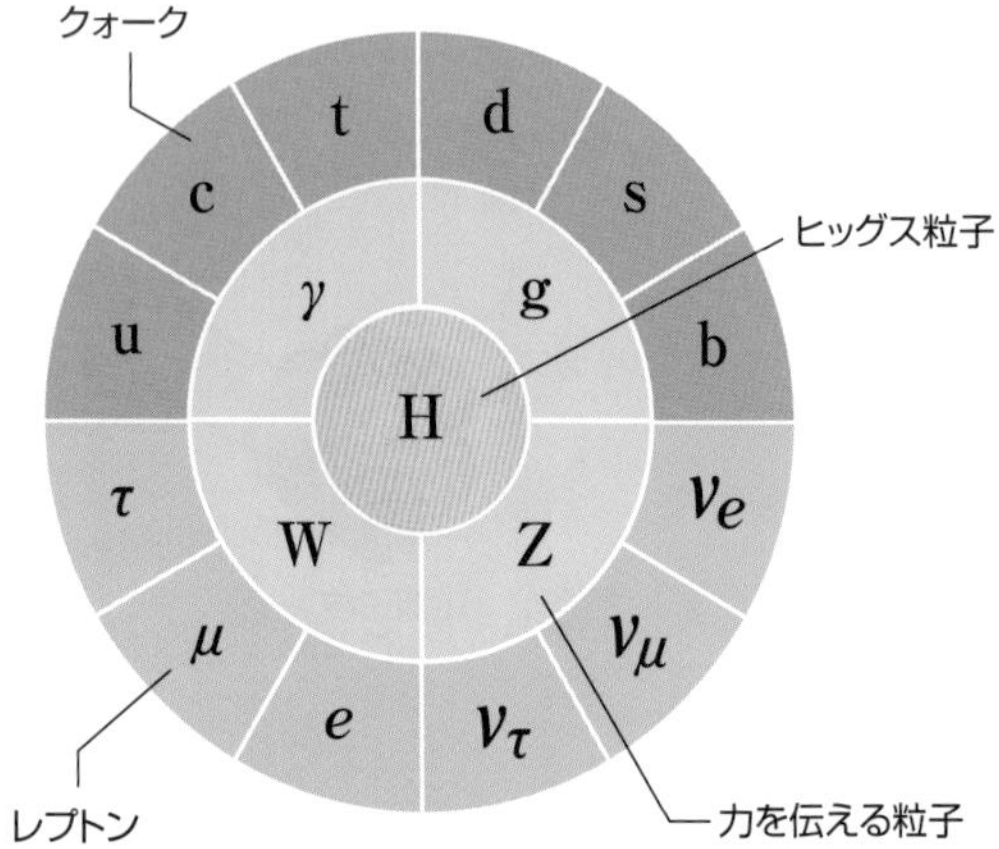

[3-10] **標準理論の17種類の素粒子**

せん。前に紹介した「小林・益川理論」は、クォークに3つ以上の「世代」があることを予言する理論でした。「アップ」と「ダウン」のコンビを第1世代として、それより質量の重い第2世代、第3世代が存在すれば（つまり全部で6種類のクォークがあれば）、弱い力が「左利き」で右と左、物質と反物質、さらにはCPを区別するようになった理由も説明がつくというのです。

そして1995年、6種類目のクォーク（トップクォーク）が発見されたことで、その予言が正しかったことが証明されました。一方、電子にもニュートリノという仲間が存在し（これをまとめて「レプトン」と呼びます）、それぞれ3世代あることがわかっています。これで物質を構成する素粒子は、クォークが6種類、レプトンが6種類の計12種類となりました。

また、素粒子物理学では、電磁気力、強い力、弱い力といった「力」も粒子が伝えると考えます。それについても、さまざまな理論的な予言があり、すべてそのとおりに発見されました。こちらは、光子（フォトン）、グルーオン、Wボソン、Zボソンの4種類があります。これで、素粒子は計16種類。さらに２０１２年には、これらの素粒子に質量を与える役割を果たす「ヒッグス粒子」が発見されました［3－10］。

以上、17種類の素粒子で物質の成り立ちを説明する理論体系を、素粒子の「標準理論」といいます。ほぼ１００年をかけて、世界中の多くの物理学者がその構築に寄与してきました。そこには、ノーベル物理学賞を受賞した湯川秀樹、朝永振一郎、小林誠、益川敏英、南部陽一郎らの研究も含まれています。まさに「20世紀物理学の金字塔」と呼んでいいでしょう。実によくできた理論です。

しかし物理学者の感覚でいうと、これはあまりシンプルな理論体系ではありません。いろいろな理論の寄せ集めのようになっていますし、素粒子の種類も多い。元素の種類よりは少ないとはいえ、物質の根源と呼ぶには物足りません。

それに、実は6種類のクォークにはそれぞれ比喩的に「色」と呼ばれる性質が3種類あり、スピンが右巻きと左巻きの粒子は違う振る舞いをするので、1世代あたりの種類は12個と数えることもできます。そしてニュートリノは左巻きしか見つかっていないので、レプトンの1世代あたりの種類は3個。クォークとレプトンを合わせた3世代の種類は合計45個にもなります。さらに、標準理論に含まれる粒子には電荷などの性質が逆の「反粒子」も存在しますから、それを含めると粒子の種類は倍になってしまいます。それだけ種類があると、100種類の元素がすべて陽子・中性子・電子からできていたのと同じように、もっと基本的な単位がありそうに思えてくるのです。

そのため現在の素粒子物理学は、標準理論をもっと簡潔にした統一理論の構築を目指しています。現状では、素粒子の種類が多い点だけでなく、物質を構成する粒子と力を伝える粒子が別々に扱われている点も、あまり美しくありません。できれば、これもひとつの理論で統一的に説明したい。もし、標準理論の素粒子が実はすべて同じ根を持つことがわかったら、それはひじょうに美しい理論といえるでしょう。

20世紀物理学の金字塔・標準理論のその先は?

そもそも、これまでの物理学の歴史は、基本的に「統一の歴史」と呼べるものでした。その大まかな流れをまとめたのが、図[3-11]です。ニュートンが「惑星」の世界と「リンゴ」の世界を統一して、重力理論や力学を作り上げたことは、すでにお話ししました。19世紀にイ

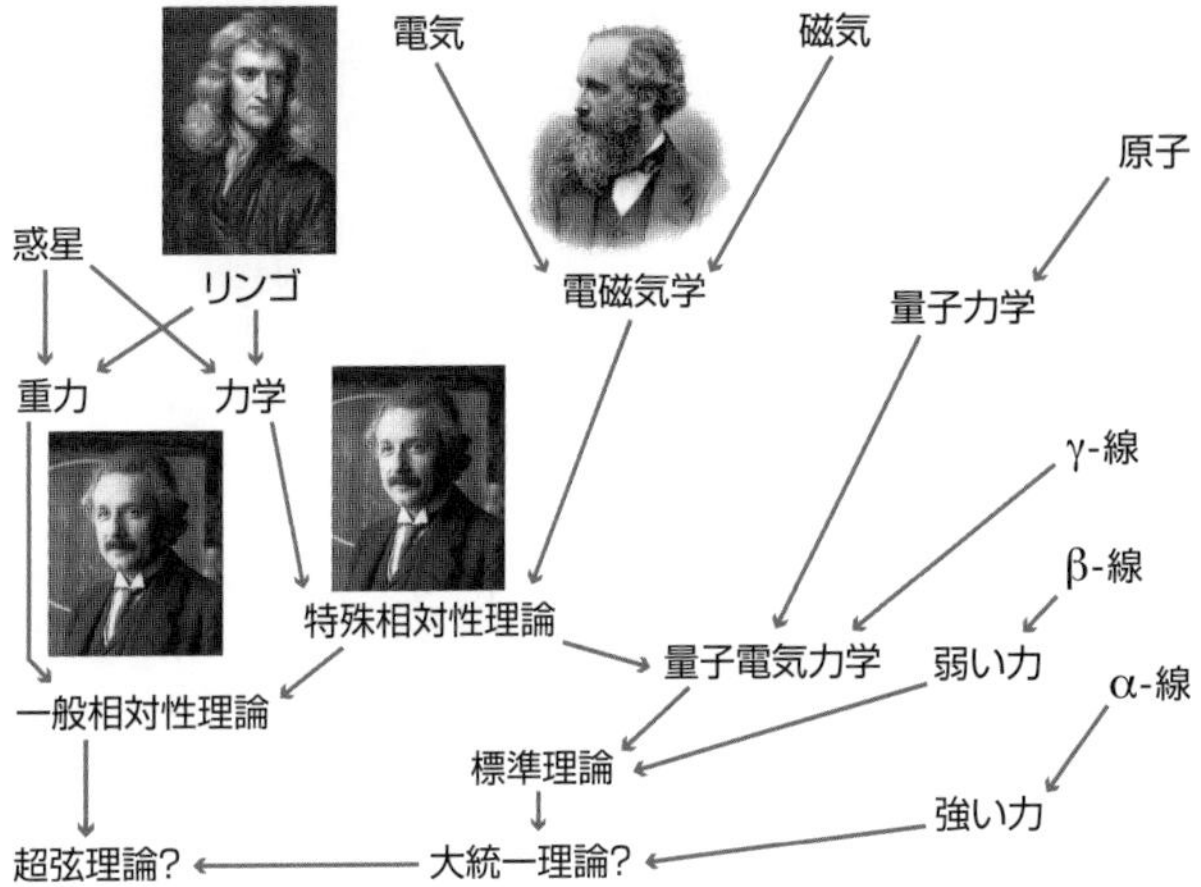

[3-11] **物理学の統一の歴史**

ギリスのマックスウェルが電気と磁気の理論を統一して「電磁気学」を打ち立てたのも、偉大な統一理論のひとつです。

しかし、ニュートン力学とマックスウェルの電磁気理論のあいだには、速度に関する矛盾がありました。というのも、ニュートン力学では「速度の合成則」が成り立ちます。たとえば時速50キロメートルで走っている車の上から、進行方向に向かって時速50キロメートルでボールを投げると、その速度は50＋50＝１００キロメートルになる。反対方向に投げた場合は、50－50＝0キロメートルですから、ボールはその場で下に落ちてしまうでしょう。

ところがマックスウェルの電磁気理論によれば、光にはこの合成則が当てはまりません。光速（c）の半分で移動するロケットの上から進行方向に光を放っても、その速度は$c + 0.5c = 1.5c$にはならず、逆方向に放っても$c - 0.5c = 0.5c$にはならない。どのように観測しても、光は常に速度cで進むというのです。

この2つの理論の矛盾を解消して、辻褄を合わせることに成功したのが、アインシュタインの特殊相対性理論でした。それによると、光速はマックスウェルの理論のとおり常に一定です。日常的な世界ではニュートンの速度合成則が成り立ちますが、それは近似値にすぎません。

そうやって2つの理論を統一したアインシュタインは、次に一般相対性理論によってニュートンの重力理論も修正しました。

ニュートン理論も、極端に重力の強い状況では破綻してしまいます。たとえば、ニュートンの理論にしたがった計算では、太陽系には水星の内側にもうひとつ惑星があると予想されていました。発見されてもいないのに、ヴァルカンという名前までついていました。そこに何らかの重力源がないと、水星の動きを説明できなかったからです。しかしアインシュタイン理論に基づく計算では、もうひとつの惑星は必要ありません。水星付近は太陽の重力の影響が強いので、ニュートン理論ではズレが生じていたのです。

さて、相対性理論によってマクロの物理が発展する一方、ミクロの世界のほうでは量子力学が誕生しました。ニュートン力学とはまったく異なる、独自の理論体系です。ファインマンや朝永振一郎らが築いた「量子電気力学」は、この量子力学をマックスウェルの電磁気理論と融合させ、特殊相対性理論も取り入れた理論でした。そして、その量子電気力学が、素粒子の標準理論における大きな柱のひとつとなったのです。

その標準理論の中でも、重要な「統一」がなされました。自然界では別々の力として働いている電磁気力と弱い力が、ひとつの理論で説明できることがわかったのです。いまのところ「力の統一」はそこまでしか進んでいませんが、今後はその「電弱力」と強い力を同じ理論で説明できるようになるかもしれません。私たち物理学者はその「大統一理論」の存在を信じて、研究を進めています。

さらにその先に待っているのは、マクロの世界とミクロの世界の統一です。20世紀以降の現代物理学は相対性理論と量子力学を2本柱にして発展してきましたが、この2つの理論はあまり相性がよくありません。ブラックホールや宇宙の始まりなどの極端な状況を説明しようとすると、相対論と量子論が矛盾してしまうのです。

しかし、もしこの両者を統一することができれば、それは「究極の統一理論」となるでしょう。物質の基本単位を「点」の粒子ではなく1次元の「弦」で説明する超弦理論をはじめとして、その可能性を秘めた仮説はいろいろあります。その研究が進展すれば、たったひとつの理論で全宇宙の物理を説明できる可能性がある。シンプルな美しい法則を求める私たち物理学者にとって、それが現時点での大きな夢なのです。

第4章
対称性が破れた宇宙空間の根源には何がある？

法則の対称性がもたらす「御利益」とは？

前章では、物理法則に求められる美しさのうち、「対称性」と「簡潔さ」についてお話ししました。第2章の冒頭で述べたとおり、物理法則の美しさには、もうひとつ「安定感のある自然さ」という条件がありますが、その話は次章ですることにして、ここでは再び「対称性」の話をします。この性質には、現在の物理学を語る上で欠かせない重要なポイントが2つあるからです。

まずは、法則の対称性がもたらす「御利益《ごりやく》」についてお話ししましょう。対称性が物理学者を喜ばせるのは、単にそれが美しいというだけが理由ではありません。さまざまな対称性があることによって、物理学にとって重要な法則が導き出されることも、ひじょうに大きなメリットです（そうやって付随的に得られるメリットのことを、私たち日本の物理学者はよく「御利益」と呼びます）。

物理学の世界に、いろいろな「保存則」があることは、何となく知っている人が多いでしょう。有名なのは、中学の理科に出てくる「質量保存の法則」や、高校の物理に出てくる「エネルギー保存の法則」でしょうか。

それ以外にも、「運動量の保存則」や「角運動量の保存則」「電荷の保存則」といったいくつかの保存則があるのですが、実はそれが対称性のおかげで成立していることが、20世紀の初頭に数学的に証明されました。発見したのは、エミー・ネーターというドイツ出身の女性数学者[4-1]。その名を取って、「ネーターの定理」と呼ばれています。

ネーターが証明したのは、「ある系に連続的な対称性があれば、それに対応する保存則が存在する」ということでした。いささか難しい表現ですが、たとえば宇宙空間もひとつの系ですから、そこに何らかの連続対称性があるなら、その対称性の数だけ、何らかの保存則があるというのです。

[4-1]**エミー・ネーター（1882-1935）**

数学は、物理学と切っても切れない関係にあります。ガリレオは『贋金《にせがね》鑑識官《かんしきかん》』という本の中で「宇宙という書物は数学という言葉で書かれている」と述べました。私が初代機構長を務めたカブリＩＰＭＵも、「数物連携宇宙研究機構」と、名前に「数学」と「物理学」が入っています。数学者と物理学者、そしてやはり切っても切れない関係にある天文学者が協力し合って宇宙の謎に迫るのが機構の目的です。

これまでの長い歴史の中でも、数学者は物理学に多大な貢献をしてきました。

その中でも、ネーターの定理は特筆すべきものです。あのアインシュタインもネーターのことを「物理学にもっとも価値ある貢献をした数学者」と賞賛していますし、ニュートリノ研究でノーベル物理学賞を受賞したレオン・レーダーマンも、ネーターの定理は「現代物理学の発展を導いたもっとも重要な定理のひとつ」と語っています。それぐらい、保存則は物理学にとって重要なのです。

どんな対称性から何の保存則が導かれるか

では、どのような対称性から、何の保存則が導かれるのでしょうか。

たとえば、宇宙空間には「どこまで進んでも変わらない」という並進対称性があります。この連続対称性から導かれるのは、「運動量の保存則」です。

運動量とは、質量と速度の積で表される物理量のことです。同じ速さでやってきても、重いダンプと軽自動車が衝突すると、軽自動車ははねとばされてしまいます。質量と速度の積に意味がありそうなのは直感的にわかるのではないでしょうか。重くて速く動いている物体ほど運動量が大きいわけですが、その大きさは外部から力が加わらないかぎり変わりません。それが「運動量保存の法則」です。

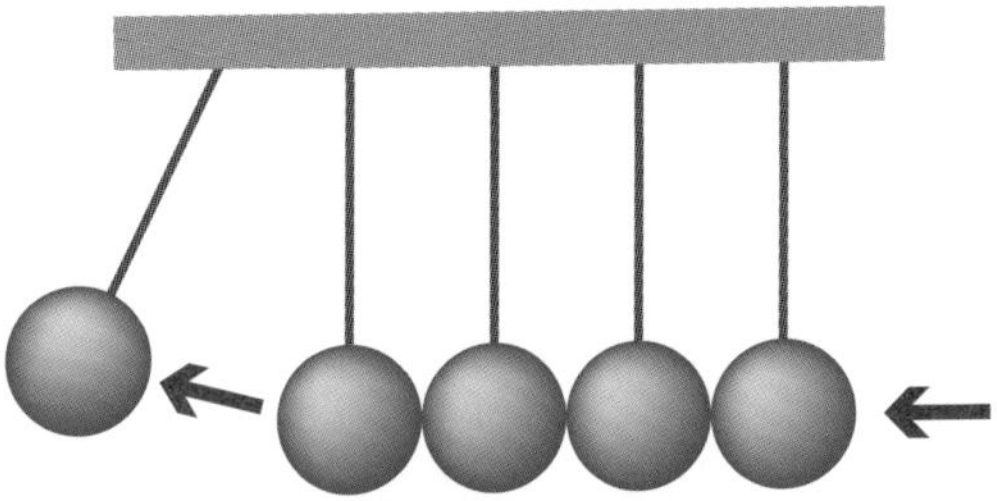

［4-2］ニュートンのゆりかご（カチカチボール）

たとえばビリヤードの球Ａを転がして真正面から別の球Ｂに衝突させると、球Ａはそこで止まり、球Ｂのほうが転がります。実際にはテーブルや空気の摩擦があるので速度は少し落ちますが、同じ質量の球を真空中に浮かべて衝突させれば、ぶつかる前の球Ａと同じ速度で球Ｂが動くでしょう。衝突の前後で全体の運動量（質量×速度）は変わらない、つまり「保存」されているわけです。「ニュートンのゆりかご」とか「カチカチボール」などと呼ばれる、金属の球をいくつかぶら下げたおもちゃ［４－２］で、この現象を体験したことのある人も多いのではないでしょうか。球をひとつぶつければ反対側の球がひとつ、球を２つぶつければ反対側の球が２つ動きます。

　この運動量保存の法則が並進対称性から導かれるというのは、直感的にはわかりにくいかもしれません。しかし、並進対称性がなければ運動量が保存されなくてもおかしくないことは、何となくイメージできると思います。並進対称性とは、「物理現象を平行移動させても法則は変わらない」ということです。もしその対称性がなければ、平行移動させると物理法則が変わってしまうのですから、弾き飛ばされた球が前より速く動いたり、「ニュートンのゆりかご」でぶつけた球より多くの球が動いたりすることもあり得るわけです。

では、回転対称性からはどんな保存則が導かれるでしょうか。こちらは、並進対称性と運動量の保存則の関係よりもイメージしやすいかもしれません。回転対称性があると保存されるのは、回転運動の大きさを表す「角運動量」です。

角運動量の計算は専門的な話になるので省略しますが、その量が保存されることは、フィギュアスケートの選手がクルクルと回転する様子を思い起こしてもらえばわかるでしょう。スピンをする選手が腕を前に伸ばすと回転のスピードは遅くなり、腕を胸のところまで縮めると速くなります。運動量の保存則における質量と速度の関係（質量が増えれば速度が落ちる）と同じことが、腕の長さ（回転軸から外縁部までの距離）と回転速度のあいだに成り立っています。それによって、全体の角運動量は保存されるのです。

もし角運動量が保存されなければ、私たちは自転車を漕ぐのに大変な苦労をするでしょう。乗り始めはまだ角運動量がないので「よいしょ」と漕がなければいけませんが、いったん回転運動を始めた車輪は角運動量が保存されるので、倒れずに進みます。物理法則に回転対称性がなかったら、方向によって角運動量が変わってしまうので、怖くて坂道を下ることができません。

エネルギー保存の法則を破る暗黒エネルギー

並進対称性によって運動量が保存され、回転対称性によって角運動量が保存されることはわかりました。では、いちばん有名な「エネルギー保存の法則」はどんな対称性によって導かれるのでしょうか。

それは、「時間」の対称性です。この対称性についてはこれまで触れてきませんでしたが、物理法則には「いつでも同じ」という対称性があります。それはそうでしょう。たとえば朝の9時に行った実験と、夜の9時に行った実験の結果は、ほかの条件が同じなら変わるはずがありません。今日と明日で物理法則が違うのでは、天気予報もできないでしょう。

時間の対称性からエネルギーの保存則が導かれるのは、直感的にもイメージできると思います。たとえば火力発電所では、石油を燃やすことで化学エネルギーを熱エネルギーに変換し、その熱エネルギーが生む蒸気でタービンを回すことによって電気エネルギーを作り出します。エネルギーは、そうやって形を変えながら保存されます。もし物理法則が時間によってコロコロと変わるのであれば、形を変えたときに別の法則が適用され、エネルギーの量が急に増えたり減ったりしてしまうでしょう。

ただし、エネルギー保存の法則が成り立つには、ある条件があります。時間の流れに「原点」があってはいけません。つまり、時間に「始まり」がないことが前提なのです。どこにも原点がなく、無限の過去から無限の未来に向かって時間が永遠に流れているのであれば、そこには対称性があるので、エネルギーも保存されます。

しかし時間に原点があれば、エネルギーは保存されなくてもかまいません。だとすると、宇宙はどうなるのか。ハッブルの発見以前に考えられていた「永遠不変」の宇宙モデルなら問題はありませんが、いまは宇宙に「始まり」があったことがわかっています。宇宙がなければ、時間も存在しません。つまり、この宇宙の時間には「原点」があります。したがって、宇宙全体をひとつの系と見なした場合、エネルギーの保存則は破れていていてもいいのです。

エネルギー保存の法則は物理学の基本中の基本ですから、それが成り立たないと聞くとビックリしてしまう人も多いでしょう。でも現在の宇宙論における大問題のことを考えると、これは決して悪い話ではありません。宇宙を加速膨張させている、暗黒エネルギーの問題です。

ふつう、エネルギーは保存されるので、空間が広がればその密度は薄まります。たとえば、星や私たちの体などの物質を作っている原子。宇宙に存在する原子の総質量をアインシュタインの $E=mc^2$ にしたがってエネルギーに換算すると、宇宙全体のエネルギーの約５％を占めることがわかっています。当たり前ですが、宇宙空間が膨張してもその数は増えません（定常宇宙論ではそれが「増える」と考えましたがそれは間違いでした）。距離が2倍になると体積はその3乗で8倍になりますが、その場合、原子の密度は8分の1になり、エネルギーは保存されます。

ちなみに正体不明の暗黒物質も、その量はわかっています。エネルギー換算すると、宇宙全体の約27％。通常の物質を作る原子の5倍以上も存在するわけですが、これも宇宙が膨張すれば密度は原子と同じように薄まります。

一方、宇宙に存在する光のエネルギーは全体の0・005％を占めていますが、これも空間が広がれば薄まるだけでなく、もっと減ります。前に、ビッグバンで放たれた光が現在はマイクロ波として観測されるのは、空間の膨張によって波長が伸びたからだという話をしました。そうやって波長が伸びると、ひとつひとつの光のエネルギーは減ります。そのため光の全体のエネルギーはどんどん減っていきます。

逆に、宇宙全体のエネルギーの約68％を占める暗黒エネルギーは、どうも薄まらず、どんどん増えているようです。前述したとおり、宇宙の加速膨張は、投げ上げたボールが途中から加速するのと同じです。徐々にエネルギーが薄まったのでは、そんなことは起きません。膨張を後押しする暗黒エネルギーは、空間の体積が大きくなるにつれて、その量が増えていくのです。

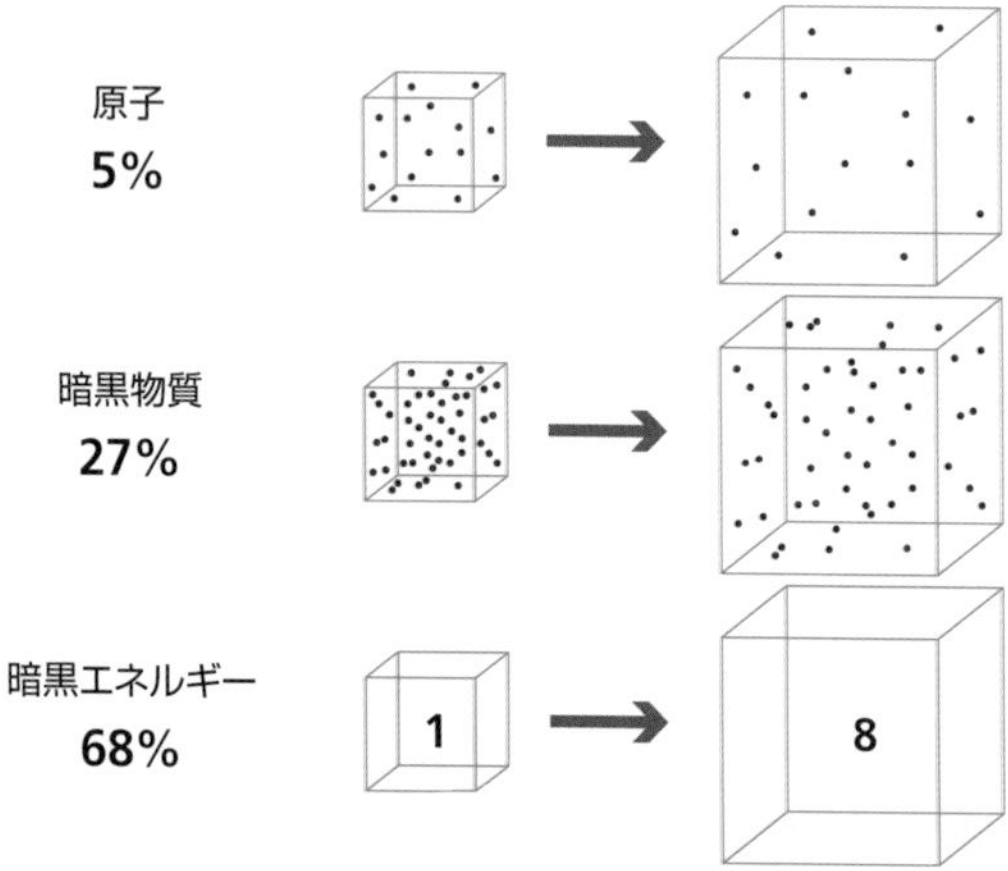

[4-3] 暗黒エネルギーでは保存則が成り立たない

体積が8倍になったとき、暗黒エネルギーが8倍になるのか、あるいは7倍や9倍なのか、そのあたりのことはまだわかっていません。しかしいずれにしろ、この謎のエネルギーについては、保存則が成り立たないのです［4－3］。

これは実に奇妙なことですが、少なくともネーターの定理とは矛盾しません。宇宙に始まりがあり、時間に原点がある以上、そこではエネルギーの保存則が成り立たなくても不思議ではないのです。

電荷の保存則を生む ミクロの世界の対称性とは？

ここまで、運動量、角運動量、そしてエネルギーの保存則と対称性の関係を紹介しました。次にもうひとつ、素粒子物理学の分野で重視される対称性と、そこから導かれる保存則のことをお話ししておきます。先ほどまでの対称性や保存則と違って、ミクロの世界のかなり抽象的な話になりますが、とりあえずは「そういうものか」と思っておく程度でかまいません。

ここで登場するのは、「電荷の保存則」です。電荷とは、さまざまな粒子が持つ性質のひとつ。たとえば電子はマイナス1の電荷、陽子はプラス1の電荷を持っています。中性子は、その名のとおり電気的に中性ですから、電荷はゼロ。ニュートリノも「ニュートラル＝中性」の「イーノ＝小さい」粒子という意味の名前で、これにも電荷はありません。

ちなみに陽子や中性子などを構成するクォークは、種類によって電荷が異なります。しかも値が整数ではなく、アップクォークはプラス2／3、ダウンクォークはマイナス1／3。だから、アップクォーク2個とダウンクォーク1個の陽子は電荷がプラス1、アップクォーク1個とダウンクォーク2個の中性子は電荷がゼロになるのです。

そういう電荷を持つ粒子が、この宇宙には無数に存在します。しかし、その電荷の総量は増えたり減ったりしません。粒子同士はいろいろな反応を起こしてくっついたり離れたりしますが、どのような物理現象が起きようとも、全体の電荷の量は永遠に保存されると考えられています。詳しくは説明しませんが、もし電荷の保存則が成り立たないとなったら、現代の物理学は根本的な見直しを迫られるでしょう。電荷の保存則は、それぐらい重要な法則です。

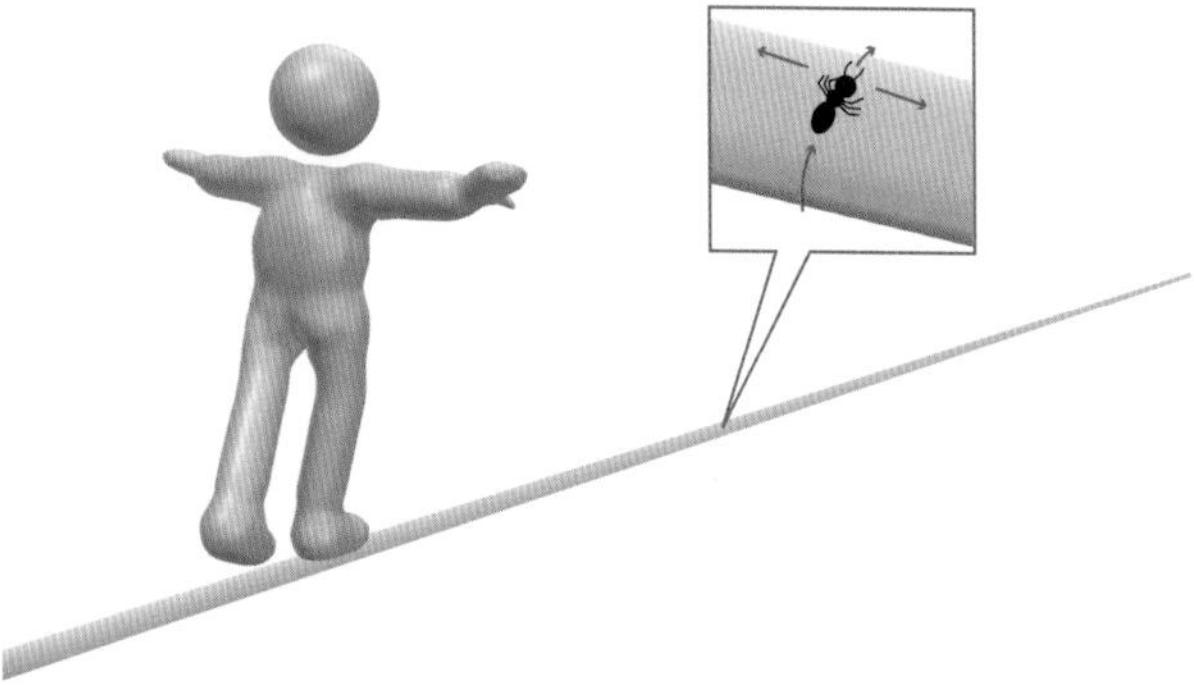

[4-4] **人間には1次元、アリには2次元**　Credit：サイクロン/PIXTA

　では、この電荷の保存則はどんな対称性から導かれるのか。それは、素粒子の標準理論で電磁気力、強い力、弱い力の働き方を理解する上でひじょうに重要な対称性で、専門的には「ゲージ対称性」と呼ばれています。

　それがどういうものなのかを、ごく簡単に説明してみましょう。

　まず、いきなりおかしなことをいいますが、空間内のあらゆる点に「内部空間」があると思ってください。点は大きさのない０次元なので「内部」はないはずですが、理論上はそれがあると考えます。

　それは、たとえばこんなふうに考えるといいでしょう。「次元」とは、移動の方向がいくつあるかで決まります。２次元の面なら前後と左右の２方向、３次元空間はそれに「上下」を加えた3方向です。

ここで、サーカスの綱渡りを想像してください［4－4］。綱渡りをしている人にとって、自分が乗っているロープは「1次元」です。前後に移動できるだけで、左右には動けません。でも、そのロープの上に1匹のアリが這っていたらどうでしょう。人間は前後にしか移動できませんが、アリは小さいのでロープの表面を左右方向にも歩けます。丸いのですぐに元の位置に戻ってきますが、アリにとって、このロープは2次元なのです。

そのロープを極限まで細くした状態を考えると、「空間の各点にある内部空間」のことがイメージできるのではないでしょうか。ここでいう内部空間とは、人間には存在しないけれどアリには存在する「別次元」のようなものです。そして、それぞれの内部空間には、クルクルと回転させても変わらない対称性がある。そう思ってください。

あらゆる粒子は「粒」であり「波」である

ただし、さらにややこしい話になりますが、その内部空間には図［4－5］のように2つの方向があります。矢印の方向に「粒の個数」、回転する方向に「波の揺れ」と書いてあるように、これはそれぞれ「粒」と「波」という量子力学的な性質に対応しています。

量子力学は、マクロの世界では信じられないようなミクロの世界の不思議な性質をいろいろ

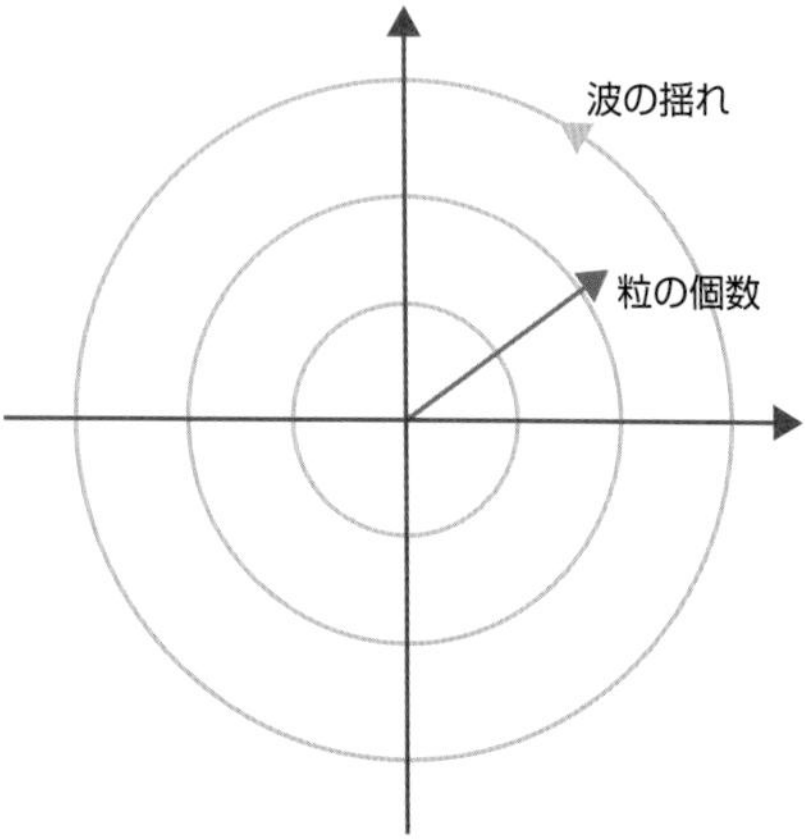

[4-5]内部空間の2つの方向

と明らかにしました。「波」が「粒」の性質を併せ持ち、「粒」が「波」の性質を併せ持つというのも、そのひとつです。

たとえば光は、(過去にいろいろな議論はあったものの)マックスウェルの電磁気学では「波」として扱われていました。私たちが目で見ることのできる可視光は、短波や長波やX線などと同じ「電磁波」の一種です。ですからそれが「波」であることはたしかなのですが、その一方で、光には「光子」という粒子の性質もあることがわかりました。

また、ふつうは「粒」だと思われている電子には、「波」の性質もあります。にわかには信じられない話でしょうが、これは「二重スリット」を使った実験によってたしかめられました。図[4-6]のように、2カ所にスリットのあ

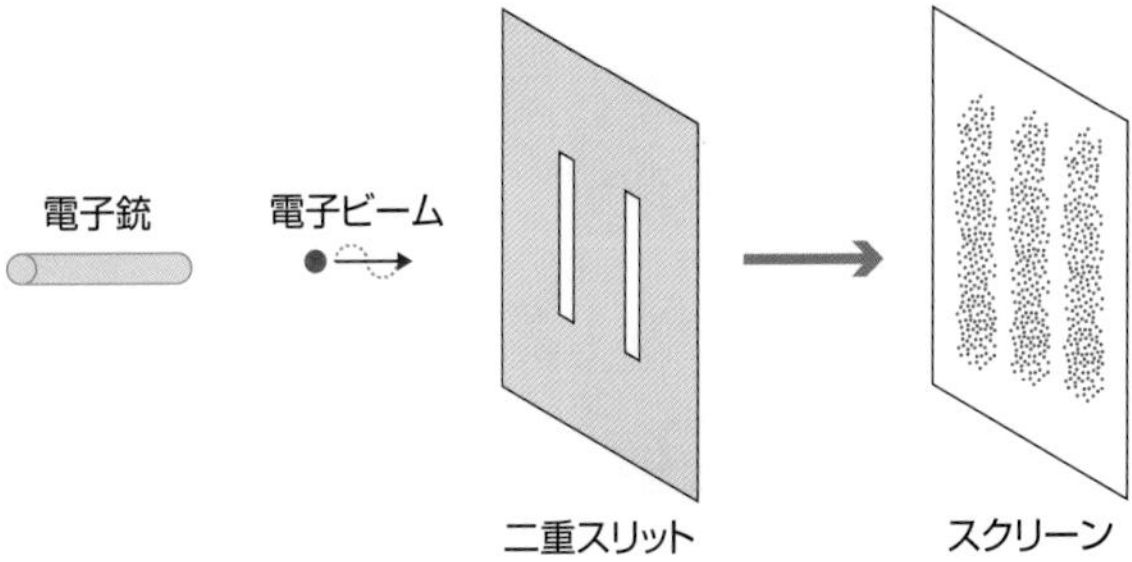

[4-6] 二重スリット実験

る衝立《ついたて》に向かって、電子をたくさん撃ち込む実験です。

　電子はあらゆる方向に撃たれますが、そのほとんどは手前の衝立に当たるので、向こう側の衝立にはスリットを通り抜けた電子だけが「着弾」します。これが実弾であれば、当然、着弾点はスリットの先に集中するでしょう。

　ところが実際に撃ち込んでみると、電子は後ろの衝立のいろいろな場所にランダムに着弾するように見えます。途中で飛ぶコースがぐにゃりと曲がったとしか考えられない位置に着弾する電子も少なくありません。

　それだけでも不思議なのですが、もっと不思議なことに、大量に電子を撃ち込んでいくと、やがて着弾点の形にあるパターンが見えてきます。着弾数の多い部分と少ない部分がきれいに

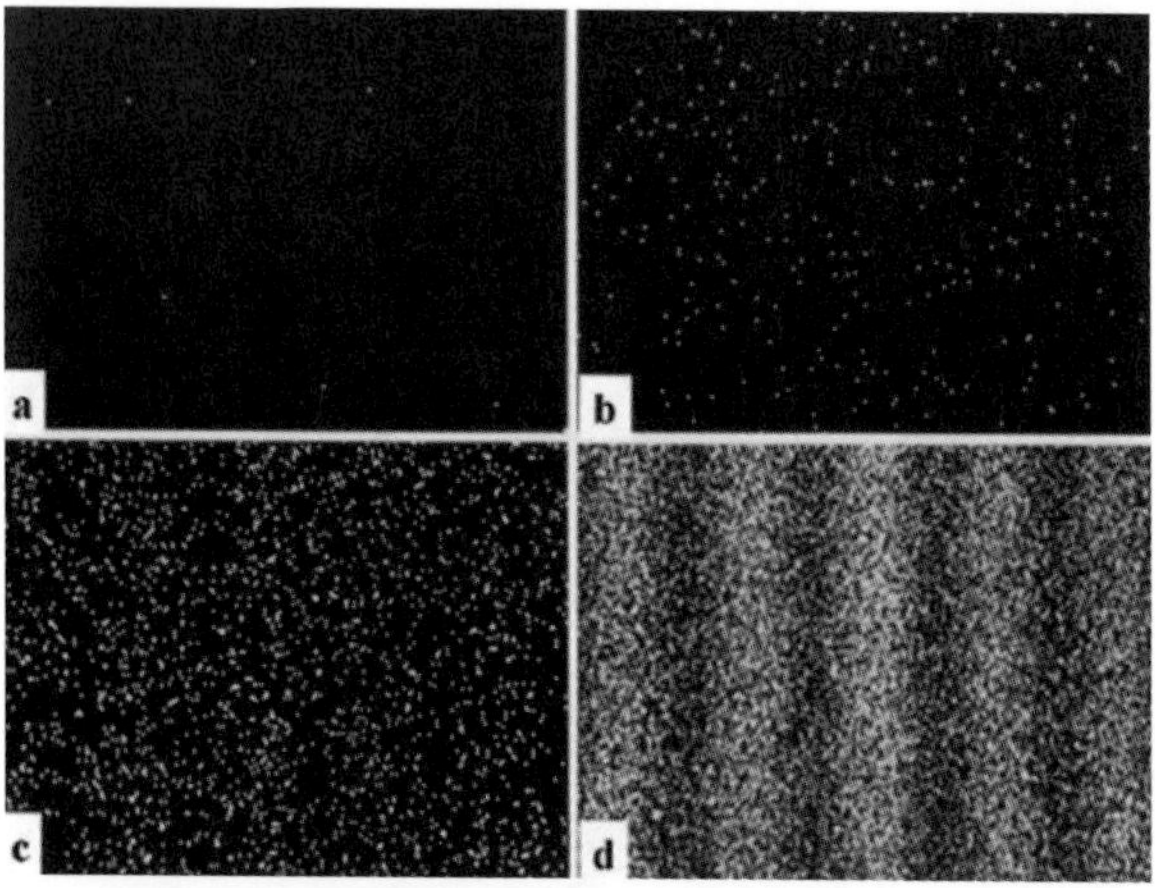

［4-7］二重スリット実験で生じる干渉縞

Credit：株式会社日立製作所 研究開発グループ

縞模様を描くのです。これは、複数の波がぶつかったときに生じる「干渉縞」にほかなりません。

　この実験は１９６０年代からさまざまな方法で行われてきましたが、１９８９年に日立製作所の外村彰《とのむらあきら》さんが高度な技術を駆使して行った二重スリット実験［４－７］は、『フィジックス・ワールド』誌の読者投票で「もっとも美しい実験」に選ばれました。ノーベル物理学賞の呼び声も高かっただけに、外村さんが２０１２年に亡くなってしまったのは残念でなりません。

　ともあれ、あらゆる粒子には「粒」と「波」の両方の性質があります。それを理論的に説明するには、空間の各点にある内部空間に２つの方向がなければいけません。それが、先ほどの図［4－5］です。直線の矢印が「粒」としての性質、回転方向が「波」としての性質を表している。その両方の大きさや向きによって、粒子の性質が決まります。

これは電子やクォークなどの物質粒子だけではありません。強い力や弱い力などを伝える粒子の性質もこれで決まりますから、今後、電弱力と強い力を理論的に統一する上でも、この内部空間の対称性をどう考えるかが重要なポイントになります。

かなり専門性の高い難解な話になってしまいましたが、ここで大事なのは、その内部空間に、ある種の回転対称性が存在するということです。ここでは、そのことだけ頭に入れておいていただければいいでしょう。ネーターの定理によれば、その対称性から、電荷の保存則という重要な法則が導かれます。

このように、対称性のメリットは「美しい」ことだけではありません。物理学にとってきわめて大きな意味が、そこにはあるのです。

自然界では対称性が破れていく

さて、この章では「対称性」に関する2つの重要なポイントをお話しすると申し上げました。そのひとつめの点が、いまお話しした保存則です。対称性は「美しい」だけではなく、保存則を導くという御利益もある。ならば、これからお話しする2つめのポイントも、別の「御利益」の話だろうと思う人もいるでしょう。

でも、そうではありません。これから説明するのは、その素晴らしい対称性がなぜ「破れる」のかという話です。

宇宙空間には高い対称性がありますし、物理法則にもさまざまな対称性が備わっていますが、私たちの身の回りを見ると、自然界は決して対称にはできていません。たとえば私たちの体はおおむね左右対称にはできていますが、心臓はほとんどの人が左側にありますし、利き腕は圧倒的に右が多くなっています。

また、回転対称性はまったくありません。「前」と「後ろ」がはっきりしているので、ちょっと回転させただけで違う形になります。単細胞生物の中には「どちらを向いても同じ形」に近い体を持つものがあるかもしれませんが、魚類であれ鳥類であれ哺乳類であれ、回転対称性のない、複雑な体の仕組みを持っています。体が複雑に分化し、向きに応じて別々の働きをする器官を持つことで、生きていくことができるようになっているのです。

そう考えると、対称性を持つ物理法則では自然界の森羅万象を説明できないのではないかとも思えてきます。すべての物質が物理法則にしたがうのなら、自然界はもっと対称性の高いシンプルな姿になるはずではないか。それなのに、現実の自然界はきわめて複雑で多様性に富んでいるのです。

でも、自然界の複雑さや多様性は、物理法則と矛盾するものではありません。根本的な原理は対称性の高いシンプルなものだけれど、現実の世界ではそれが隠れていると、私たちは考えます。

それは、生物の進化と似たようなものだと思えばいいでしょう。地球生命の起源はまだ不明ですが、40億年ほど前に誕生した初期の生命体が、シンプルな単細胞生物だったことはほぼ間違いありません。それが長い時間をかけて多細胞生物になり、植物や動物になったり、海から陸に上がったりしながらさまざまな方向に枝分かれして、現在の多様な生物界ができあがりました。

類人猿だけを見ても、テナガザル、オランウータン、ゴリラ、チンパンジー、ボノボ、私たち（ヒト）といろいろな種類があるわけですが、進化の系統樹を遡っていけば、もともとはみんな同じシンプルな祖先にたどり着きます。

それと同じように、一見すると複雑で多様な姿をしている自然界も、その根本にある物理法則はシンプルな形で統一されていると考えることができるでしょう。偶然の突然変異で生物の形質が変わっていくのと同じように、本来は備わっていた対称性が何かの拍子に破れていくのです。

洗濯物を干すときに対称性が破れると？

たとえば人間に右利きが多くなったのも、「たまたま」そうなっただけでしょう。そこに理論的な必然性はなく、右利きが多くなっても左利きが多くなっても、どちらでもかまわなかったはずです。でも、どこかの時点でたまたま右利きが多くなった。最初はわずかな差だったとしても、その性質が遺伝すれば、世代を重ねるほど右利きの割合が多くなっていくでしょう。

物理法則に対称性があるからこそ、自然界には「どちらでもいいこと」がたくさんあります。たとえば銀河の渦巻きは、時計回りでも反時計回りでも、どちらでもかまいません。法則が非対称なら必然的にどちらかに決まるわけですが、法則に対称性があるから、どちらの銀河も存在します。

しかし「どちらでもいい」とはいっても、ひとつひとつの銀河は回転方向をどちらかに決めなければいけません。それが決まった瞬間に、見た目の対称性は破れます。

こういうことは、私たちの日常生活にもしばしばあるでしょう。友人に食事に誘われて「和食とイタリアン、どっちがいい？」などと聞かれて、「どっちでもいい」と答えることが誰にでもあると思います。でも、どちらかに決めないといけません。とくに論理的な根拠もなく「イタリアン」と答えて店に入り、友人と向かい合って着席すると、こんどは水の入ったグラスがテーブルの左右に置かれています。２人からの距離が同じだと、どちらが自分用のグラス

［4-8］洗濯物を干すときの「対称性の破れ」

かわからない。テーブルマナーとしてはどちらかに決まっているのかもしれませんが、論理的には「どちらでもいい状態」でしょう。相手がとくに根拠なく左のグラスを手にすれば、そこで対称性が破れて、自分も左の水を飲むことになります。

また、私は洗濯物を干すときに、いつも「対称性の破れ」を感じます。ハンガーにかけたシャツを物干し棹に並べるとき、別にどちらでもいいのに、最初の1枚を左向きにかけると、次もどういうわけか左向きにしたくなる。気がつくと、みんな左向きに揃っているのです［4－8］。とくに左向きが好きというわけではありません。全部が右向きに揃うこともあります。たまたま最初に意味なく選んだことで、全体の対称性が破れて特定の「方向」が決まってしま

[4-9]南部陽一郎(1921-2015)

うのです。

　こうした現象を理論的に説明したのが、２００８年にノーベル物理学賞を受賞した南部陽一郎さんの「自発的対称性の破れ」という概念でした。「自発的」というのは「とくに理由もなく勝手に」といったニュアンスですから、「偶発的」と読み替えてもいいでしょう。とにかく、自然界では「どちらでもいい」ことが「どちらかに決まる」ことで本来の対称性が隠れてしまうという話です。それを南部さんはこんなふうに説明しました。

「系は対称的であっても、最低エネルギー状態は対称的でないこと、その場合、最低エネルギー状態が複数あり、縮退する」

　難解な言葉なので、これは理解できなくてかまいません。南部さんは世界中の物理学者が正真正銘の天才と認める人物なので、専門家でもその理論を理解するには時間がかかります。論文を読んだときはチンプンカンプンで、10年ぐらい経ってから「ああ、南部さんはこういうことをいいたかったのか」と腑に落ちることも珍しくありません。

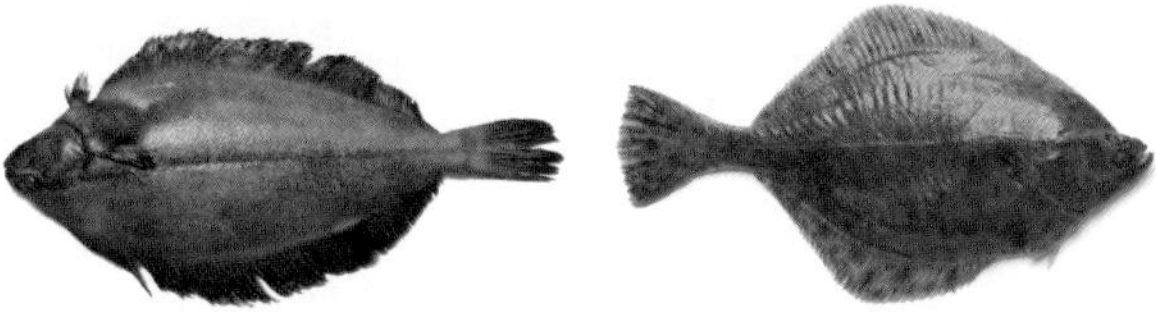

[4-10]左ヒラメに右カレイ　Credit : iStock.com/flyingv43,PicturePartners

巻き貝と砂糖の「キラリティ」とは?

でも、南部さんが「自発的対称性の破れ」でいいたかったことは、先ほどのグラスや洗濯物の例でおおむね理解できたと思っていいでしょう。ただ、いずれも人間の行動なので、「自発的」の意味が勘違いされるかもしれません。「村山が自発的に選んだのだから、洗濯物の向きが揃うのは自然界の法則と関係ないだろう」といいたくなる人もいると思います。

そこで、人間の意思とは無関係な「自発的対称性の破れ」の例をもう少し挙げておくことにしましょう。

たとえば、「左ヒラメに右カレイ」という言葉があります。ヒラメとカレイは見た目がよく似ていますが、写真［4－10］のように目が上になるように置いたときに、上から見て左を向いているのがヒラメ、右を向いているのがカレイということで区別がつきます。例外もありますが、日本では右向きのヒラメや左向きのカレイにはあまりお目にかかりません。

人間の場合は左利きもそれなりに存在しますが、こちらは完全に対称性が破れています。両目が同じ側についているほうが砂の中に隠れて天敵から身を守りやすいのでこのように進化したのでしょうが、その向きはどちらでもよかったはずです。でも、進化の過程のどこかでヒラメは左、カレイは右と決まり、それが子孫に遺伝してきました。

巻き貝のねじれる方向もそうです。銀河と同様、右巻きでも左巻きでもかまわないはずなのに、種によってどちらかに決まっている。その「左右性（キラリティ）」に、必然性はありません。ちなみにキラリティとは、「手」を意味するギリシャ語の「キラル」を由来とする言葉。右手と左手は形が非対称であることから、左右が決まっている状態のことをそう呼ぶようになりました。

その巻き貝のキラリティが「どちらでもよかった」ことを証明する有名な研究を行ったのが、東京大学名誉教授の黒田玲子さんです。黒田さんは、巻き貝の受精卵が細胞分裂をしていくとき、まだ巻く方向が決まっていない段階で、本来とは逆向きに巻くように受精卵を突く実験をしました。巻き方は遺伝子に書かれているので、放っておけば親と同じ方向になります。

ところが途中で逆向きに突いた個体は、親とは反対の巻き方でちゃんと育ちました。その巻き貝が巻き貝として生きていく上で、巻く方向はどちらでもかまわないことが証明されたのです。しかし現実には巻き方はどちらかに決まっていて、それが遺伝子にも書かれている。本来

[4-11] **右巻き貝と、その1個の遺伝子をノックアウトすることで代々左巻きになった貝**　写真提供：黒田玲子研究室

は存在する対称性が、自発的に破れているわけです。

　その後黒田さんはさらに、右巻きと左巻きの違いはたったひとつの遺伝子で決まっていることを突き止めました。その証拠に、その遺伝子を書き換えたところ、天然では右巻きの貝が立派に左巻きに育ちました［4－11］。ですから、右と左は「どっちでもよい」ことがはっきりわかります。黒田さんは今は、分子レベルでの原因を突き止めようと研究を進めています。

　もうひとつ、面白いキラリティの例を紹介しましょう。

　砂糖の化学式は、図［4－12］のような2つの可能性が考えられます。2通りといっても、左右を反転させただけですから、まったく同じもののように思えます。しかしサトウキビをは

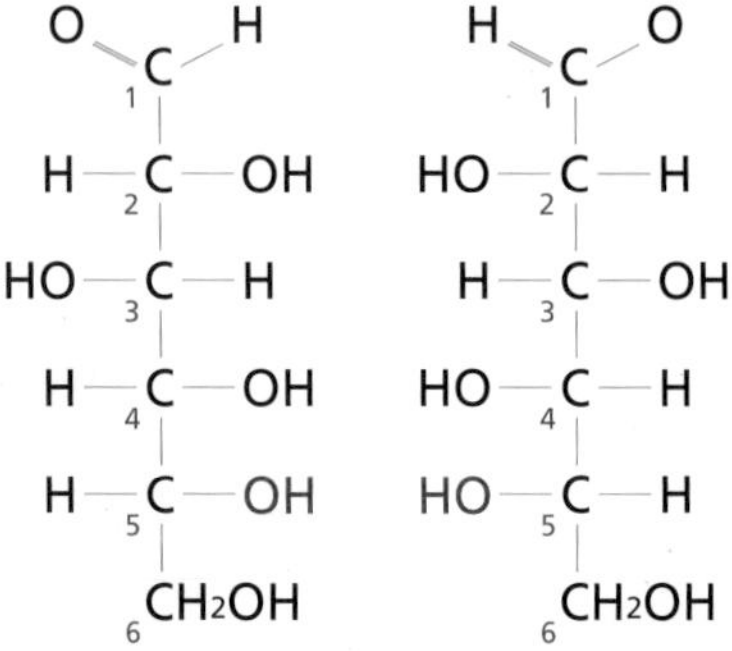

Dグルコース　　Lグルコース

[4-12]砂糖の化学式

じめとする植物が作る砂糖は、すべて左側の「Dグルコース（ブドウ糖）」です。右側の「Lグルコース」を人工的に作ることはできますが、成分はブドウ糖と同じであるにもかかわらず、地球の生物はそれを消化することができません。

とはいえ、人間が食べると、「Lグルコース」はブドウ糖とほぼ同じ甘味を感じるそうです。ですから、「Lグルコース」を大量生産する方法を見つければ、化学的にはふつうの砂糖とまったく同じで、カロリーゼロの甘味料ができます。アマゾンのジェフ・ベゾスを超える大金持ちになれるのは確実です。

リニアが走るのは「自発的対称性の破れ」のおかげ

こうした自然界における自発的対称性の破れ

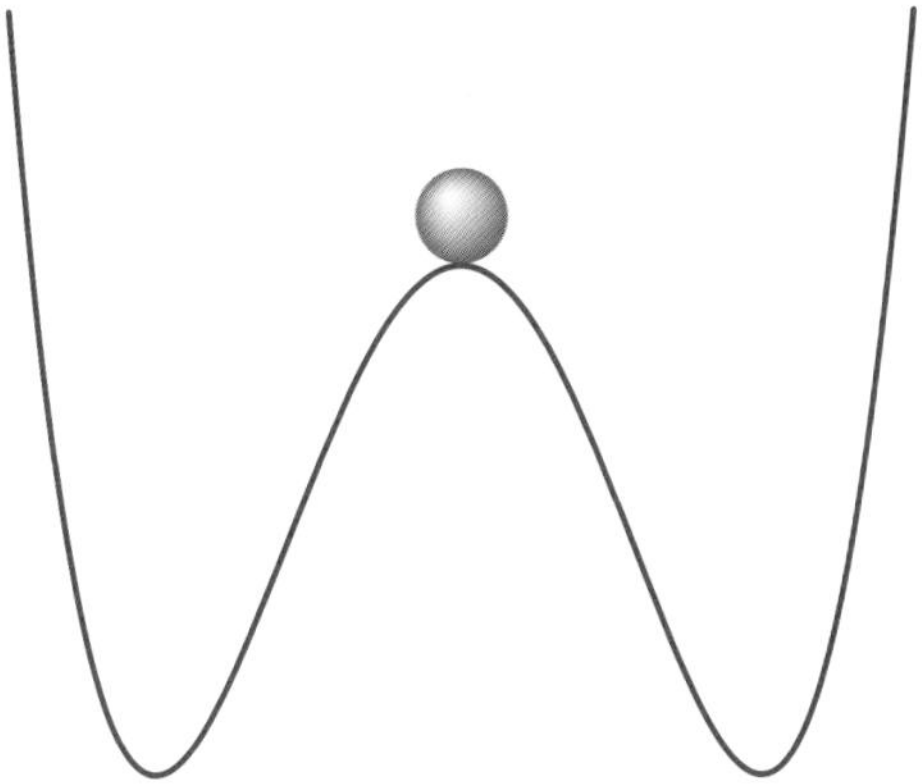

[4-13]どっちでもいい事象

を統一的に説明したのが、南部陽一郎さんの理論でした。その理論を簡単に図式化すると、図［4－13］のようになります。中央の山に乗っているボールは、「どっちでもいい事象」です。人間の利き腕や洗濯物の向き、巻き貝のねじれ方、砂糖の化学式など、あらゆる「どっちでもいいこと」がこれだと思ってください。

　また、曲線で描かれた山や谷は、エネルギーの高さを表しています。先ほど「系は対称的であっても、最低エネルギー状態は対称的でない」という南部さんの言葉を紹介しました。「系は対称的」とは、このグラフ全体に対称性があることを意味しています。「最低エネルギー状態」とは、左右の谷底のことです。そこがいちばん安定した状態なので、「どっちでもいいボール」は最低エネルギー状態の谷底まで落

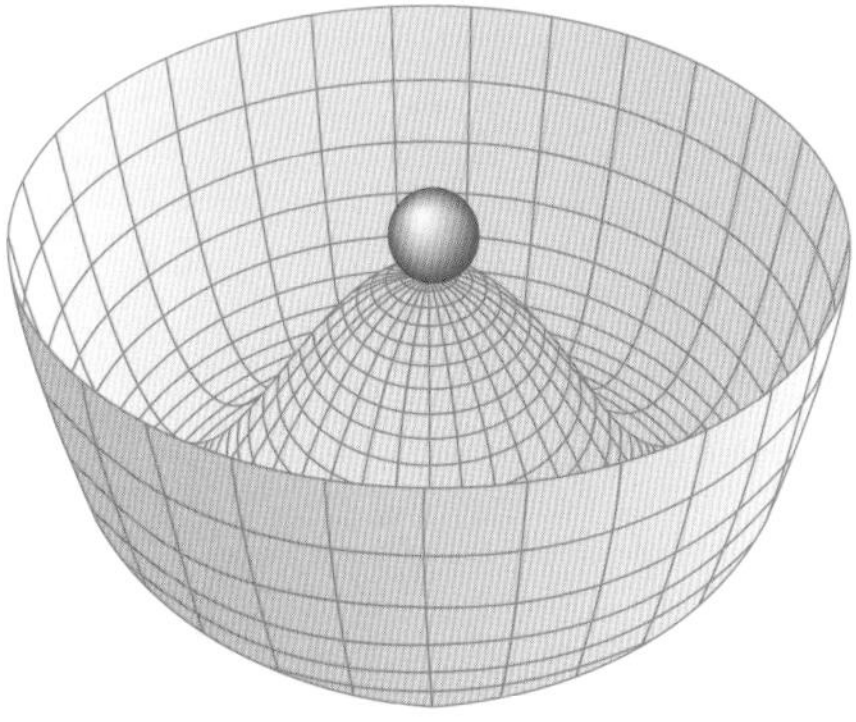

[4-14] **どこでもいい事象**

ちるのですが、落ちた時点でこの図にはキラリティが生じて左右の区別がつくようになります。だから「最低エネルギー状態は対称的でない」のです。

この図は左右の離散対称性だけを表していますが、これを回転させるとワインのボトルの底のような形になり、そこでは連続的な回転対称性も存在します［4－14］。山の上に乗ったボールは３６０度、谷底のどこに落ちてもかまいません。芯を下に向けた鉛筆を直立させて手を離すと、３６０度いずれかの方向に倒れるのと同じです。物理法則は「どちらを向いても同じ」なのに、安定した状態になろうとして、ボールや鉛筆はどこか特定の方向を選んでしまう。現実の世界では、「どちらを向いても同じ」という等方性が成り立たなくなるのです。

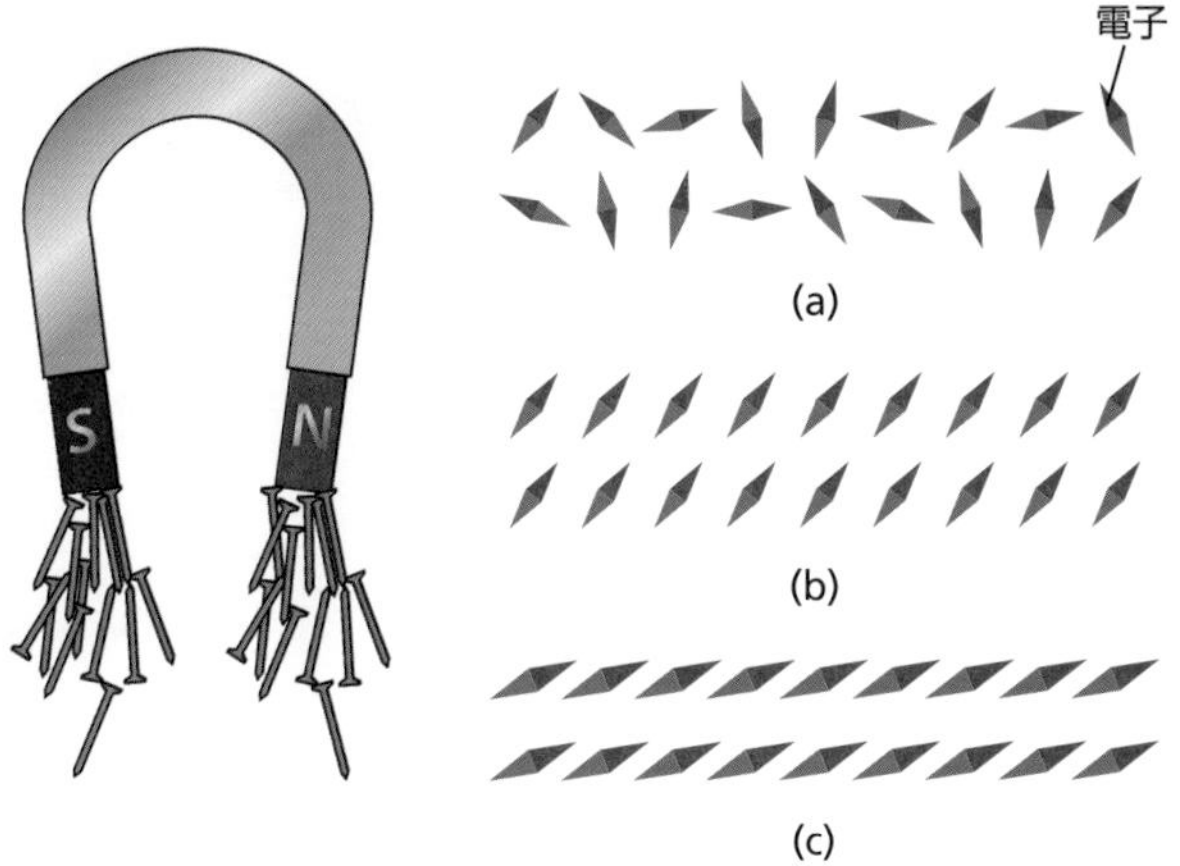

［4-15］**対称性が自発的に破れて鉄が磁石になる**　Credit : GlobeDesign/PIXTA

エネルギー状態と対称性のこの関係は、磁石を考えるとわかりやすいでしょう［4－15］。

鉄の中に存在する膨大な数の電子は、電荷を持っているのでひとつひとつが小さな磁石のようなものです。しかし鉄全体が高温（つまりエネルギーが高い）状態だと、それぞれの電子がバラバラな方向を向いているので、磁石にはなりません。このとき、鉄の内部は特定の方向がなく、「どちらを向いても同じ」なので対称性があります。

ところが鉄を冷やす（エネルギー状態を低くする）と、洗濯物の方向が揃うのと同じように、電子の向きがひとつの方向に揃います［4－15］。「小さな磁石」がみんな同じ方向を向くので、鉄全体が磁石になる。エネルギー状態が低くなったことで対称性が自発的に破れた結果、

[4-16] **超伝導体のマイスナー効果とピン止め効果**　Credit : Mai-Linh Doan

鉄が磁石になり、冷蔵庫のドアに張り付くようになるのです。

このように、温度が下がることで対称性が破れることを「相転移」といいます。もっと身近なところでは、水蒸気が１００度を下回ると液体の水になり、０度を下回ると水が氷になるのも相転移です。温度の高い状態では水の分子がバラバラな方向を向いて飛び回っていますが、温度が下がるにつれて運動エネルギーが低下し、分子の方向が揃っていく。氷になると、みんながお行儀よく同じ向きで並びます。休み時間はバラバラに動き回っていた教室の小学生たちが、授業が始まって静かになるとみんな前を向いて座るようなものでしょうか。

電荷の保存則の話に登場した「各点にある内部空間」も、常温ではバラバラでどこを向いていてもよかった「波」の向きが低温では揃ってしまい、対称性が破れることがあります。それによって生じる不思議な現象のひとつが、「超伝導」です。ある種の金属や陶磁器などを超低温に冷やすと、内部空間の波が揃うことによって、電気抵抗がゼロになってしまうのです。

その超伝導体にはいろいろと奇妙な性質があります。そのひとつが、「マイスナー効果」と呼ばれる、超伝導状態の物質の上に磁石を置くと、プカプカと浮かぶ現象です［4－16］。磁石をひっくり返しても浮かぶので、同じ極の反発によって浮くわけではありません。超伝導状態の物質には磁力線が細い筒のように入り込み、ピン止めされたような状態になります。このピン止めされた磁力線で超伝導体が支えられ、磁石は浮いたまま固定されます。

この性質を利用したのが、いま実用化に向けて実験が進んでいるリニアモーターカーです。車両に搭載した超伝導磁石と地上に取り付けたコイルのあいだに生じる磁力によって車両を浮かせるのが、リニアモーターカーの基本的な仕組みです（この原理で模型の電車を走らせた動画をYouTube で見ることができます https://www.youtube.com/watch?v=hbuxWQ80EPM）。レールとのあいだに摩擦が生じないため、時速５００キロを超えるスピードで走ることができます。

そもそもレールに乗って走る従来の電車で、時速５００キロものスピードを出すと、車両がガタガタと揺れてしまい、目的地に着くまでには多くの乗客が気分が悪くなっているでしょう。リニアの場合は浮いて走るのでガタガタせず、快適に乗れます。

　これが実用化されると東京から大阪までの所要時間が67分まで短縮されるとのことですが、そんなことが可能になるのも、自発的対称性の破れのおかげです。

ヒッグス粒子は宇宙空間で対称性の破れが生じたことの証拠

温度が高い状態から低い状態になると自発的に対称性が破れて相転移が起こるのだとすれば、宇宙空間はどうでしょう。ビッグバンという超高温の熱い「火の玉」から始まった宇宙は、空間が膨張するにつれて温度が下がりました。これによって、どんな対称性が自発的に破れたのでしょうか。

　実は、それによって生まれたのが、「弱い力」の不思議な性質です。前述したとおり、素粒子の標準理論では、電磁気力と弱い力が統一され、もともとは同じ力だったことがわかっています。つまり、電磁気力と弱い力には、理論的には「どちらでも同じ」という対称性があります。

　ところが、よく似た性質を持つ2つの力には、きわめて大きな違いがあります。それは、力の届く距離です。

　光子によって伝わる電磁気力は、届く距離に限界がありません。たとえば方位磁石が北を指すのは、北極から私たちの手元まで電磁気力が届くからです。しかし弱い力は、わずか０・０００００００１ナノメートルしか届きません。ちなみに１ナノメートルは、髪の毛の太さの１万分の１程度、原子10個分です。弱い力は、それよりはるかに短い距離でしか作用しません。原子核レベルのミクロの世界で陽子と中性子を入れ替える反応を起こすにはそれで十分なのですが、無限に届く電磁気力とは性質が違いすぎます。

なぜ、もともとは同じ力なのに、弱い力はほんの短距離しか届かないのか。それは、光子の質量がゼロなのに対して、弱い力を伝える素粒子（ＷボソンとＺボソン）には質量があるからです。重いから、遠くには届かない。何らかの事情でＷボソンやＺボソンに質量が与えられたことで、電磁気力と弱い力のあいだにあった対称性が破れたのです。

その原因になったのが、宇宙空間の相転移でした。宇宙空間の温度が下がったことで、高いエネルギー状態の「山」に乗っていた何かが低エネルギーの「谷」に落ちて対称性が破れ、弱い力の粒子だけが質量を持つようになったのです。

では、何が「山」から「谷」へ転がり落ちて、対称性を破ったのでしょう。

そういう粒子が存在するであろうことは、半世紀以上も前から理論的に予想されていました。宇宙の相転移によって空間をぎっしりと満たし、ＷボソンやＺボソンに質量を与える粒子。それが、２０１２年にＣＥＲＮ（欧州原子核研究機構）の巨大加速器ＬＨＣで発見された「ヒッ

[4-17] **CERNの全景。地下に巨大加速器LHCが設置されている**

Credit : LHC / CERN

[4-18] **LHC加速器の実験装置ひとつアトラス検出器** Credit : ATLAS / CERN

グス粒子」です［4－17］［4－18］。素粒子の標準理論の中で最後に見つかったヒッグス粒子は、宇宙空間で自発的対称性の破れが生じたことの証拠でもあるのです。

スピンがゼロ、「カオナシ」のような不思議な粒子

ビッグバンの「火の玉」状態よりは温度が下がったとはいえ、ヒッグス粒子が対称性を破った時点で、宇宙はまだ4000兆度もの超高温状態だったと考えられます。しかし、水が相転移を起こして氷になるように、ヒッグス粒子は宇宙空間全体を凍りつかせるように充満しました。

これによって、宇宙空間には「秩序」が生まれたともいえるでしょう。温度の高い鉄の内部で電子がバラバラな方向を向いているように、対称性が破れる前の空間では粒子が無秩序な状態で存在していました。宇宙空間も、ヒッグス粒子が凍りつくまでは無秩序でした。そこに秩序が生じたので、原子が作られるようになったのです。

ヒッグス粒子が凍りつく前の宇宙では、すべての粒子に質量がありませんでした。質量のない粒子は、光子と同じく光速で飛び回ります。そのため、電子が原子核に捕まることがなく、原子はできません。

しかしヒッグス粒子は、WボソンやZボソン以外の物質粒子にも質量を与えます。質量を持

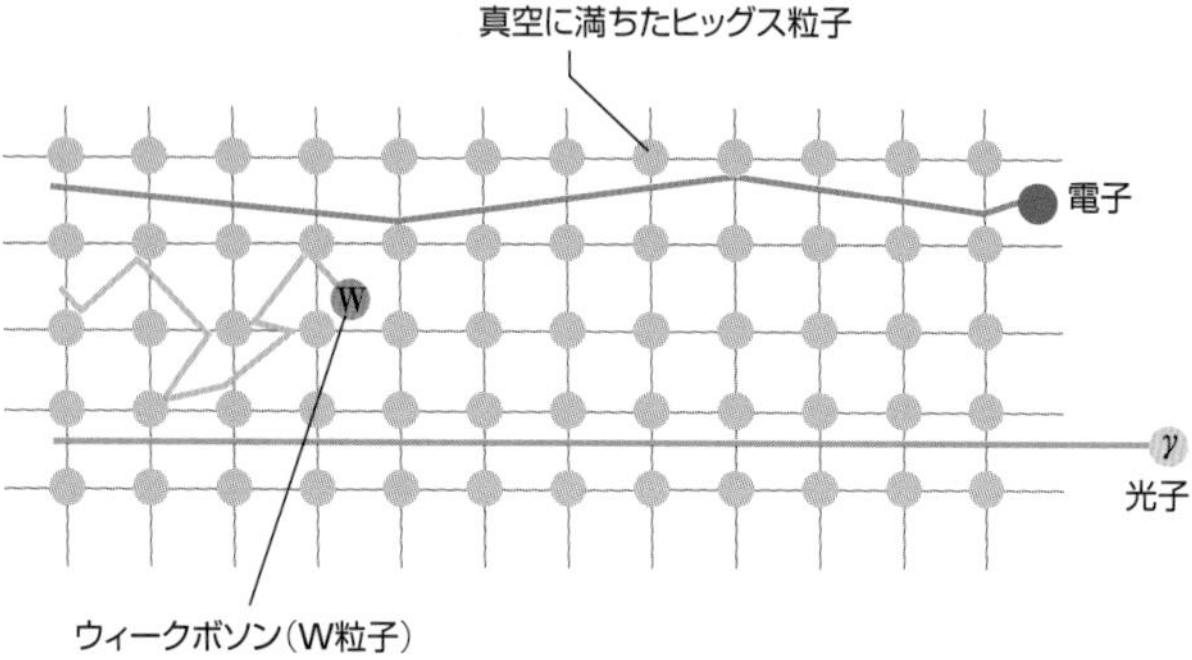

[4-19] **宇宙に満ちて物質世界の秩序を守るヒッグス粒子**

った電子はブレーキがかかったように動きが遅くなり、正の電荷を持つ原子核（陽子）に捕まるようになりました。

　こうして原子が生まれなければ、星や銀河のような秩序立った構造は宇宙に生まれなかったでしょう。もちろん、私たちも存在しません。もし、突如としてヒッグス粒子が宇宙から消えてなくなったとしたら、電子が光速で飛んでいってしまうので、私たちの体は10億分の1秒後に蒸発してしまいます。物質がバラバラになるのを押さえ込み、物質世界の秩序を守っているのが、ヒッグス粒子なのです［4－19］。

　ただし、これほど重要な役割を担っているヒッグス粒子の正体はまだよくわかっていません。そもそも理論的に存在が予言された当初から、ヒッグス粒子は素粒子物理学者にとっていささか気持ちの悪い粒子でした。標準理論に含まれるほかの16種類の素粒子と、まったく違う性質を持っているからです。

いや、ふつうの素粒子が当たり前に持っている性質を、ヒッグス粒子だけが「持っていない」といってもいいかもしれません。それは「スピン」という性質です。電子やクォークなどの物質粒子であれ、力を伝える粒子であれ、素粒子はどれもクルクルと回転する性質を持っています。回転の具合によって見え方が違うので、これはいわば粒子に「目鼻」がついているようなものだといえるでしょう。

ところがヒッグス粒子は、そのスピンがゼロだと予想されており、実際そうでした。発見された新粒子のスピンを計測したらゼロだったからこそ、それがヒッグス粒子であると認められたのです。

スピンが素粒子の「目鼻」だとすると、それがゼロのヒッグス粒子はのっぺらぼうの「カオナシ」みたいなもの。そんな素粒子が存在するとは信じられなかったので、私は若いころにヒッグス粒子なしで質量の仕組みなどを説明する「ヒッグスレス理論」を発表したこともあります。見事にヒッグス粒子が発見されたので「ゴメンナサイ」と謝るしかありませんが、それぐらいヒッグス粒子は不思議な粒子なのです。

ほかにも「カオナシ族」が存在すると大きな御利益が！

たしかに発見されたとはいえ、そういう奇妙な性質を持つ粒子がたった1種類だけ存在するのは、どうも腑に落ちません。そのため、この気持ち悪さを解消するために、ヒッグス粒子の正体に関してはいくつかの仮説が考えられています。

そのひとつは、「ヒッグス粒子は素粒子ではなく複合粒子なのではないか」というものです。たとえば中性子は電荷がゼロですが、それを構成するクォークにはプラス2／3やマイナス1／3といった電荷があります。そのプラスマイナスがゼロになるから、複合粒子である中性子は電荷がゼロになる。それと同じように、実はヒッグス粒子が複合粒子だったとすれば、それを構成する複数の素粒子にはプラスやマイナスのスピンがあるかもしれません。それが差し引きでキャンセルされて、ヒッグス粒子としてのスピンがゼロになっているかもしれないのです。だとすれば、「スピンがゼロの素粒子」は存在しないことになるでしょう。

もうひとつの仮説は、逆に「スピンがゼロの素粒子」がもっとたくさんあるのではないか、というものです。クォークや電子に3世代の仲間がいたように、ヒッグス粒子にも兄弟や親戚のような素粒子があるかもしれません。それがすべてスピンゼロの「カオナシ族」ならば、気持ち悪さは解消されます。

「せっかく17種類の素粒子が発見されて標準理論が完成したのに、また新たな素粒子がそんな

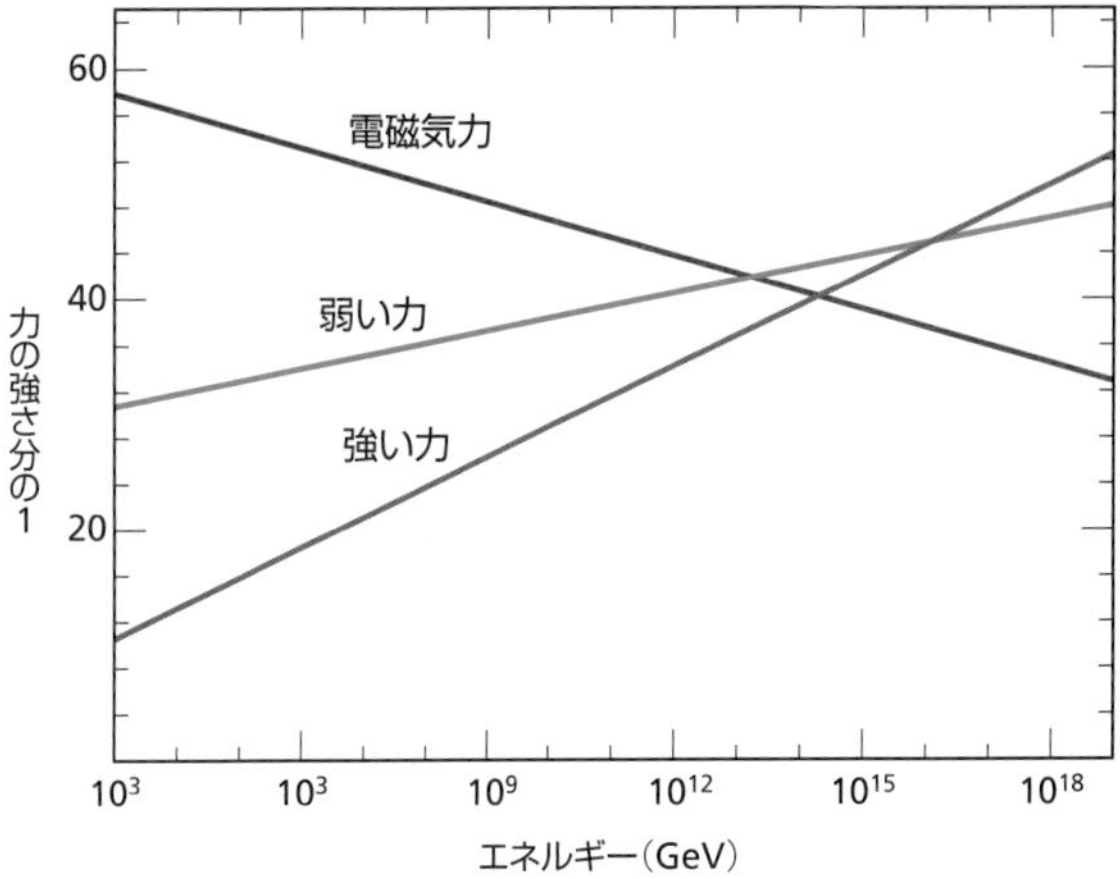

[4-20]**現在の標準理論**

に発見されたのでは、話がややこしくなるのでは？」と心配する人もいるかもしれません。たしかに、前述したとおり、現時点でも「物質の根源」と考えるには素粒子が多すぎる印象があります。

でも、もしヒッグス粒子と似た性質を持つ「カオナシ族」が存在したとしたら、気持ち悪さが解消されるだけではありません。ほかにも大きな「御利益」があります。素粒子が増えて困るどころか、むしろ、その多すぎる基本粒子を理論的に統一できる可能性が高まるのです。

標準理論では電磁気力と弱い力が統一され、そこに強い力も統一する「大統一理論」の構築が私たちの大きな目標であることは、すでにお話ししました。もし3つの力がもともとは同じものだったとすれば、その力に反応する物質粒

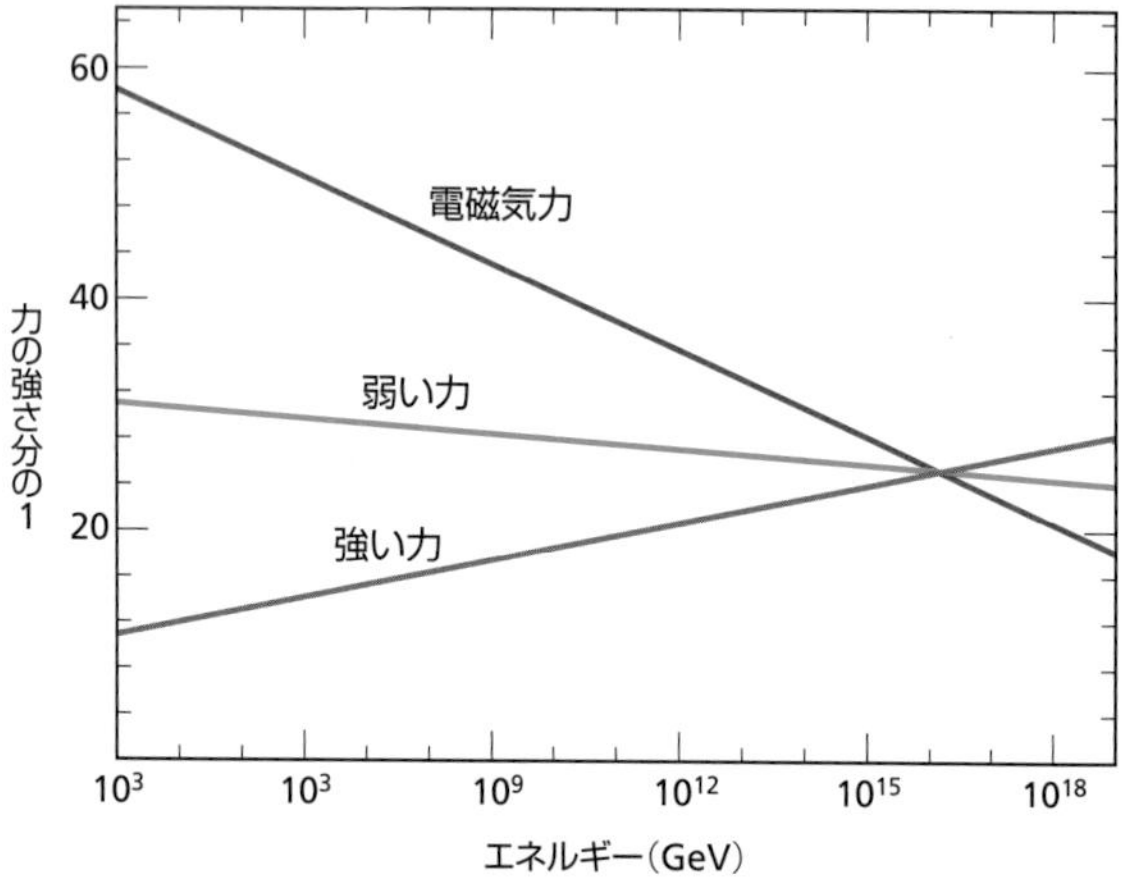

［4-21］**超対称性のある標準理論**

子も統一されるでしょう。いまは弱い力に反応するか強い力に反応するかで粒子が区別されていますが、その弱い力と強い力がもともと同じものならば、それに反応する粒子も本来は同じものだったといえます。

しかし、電磁気力・弱い力・強い力を統一するのは簡単ではありません。宇宙誕生から間もない高エネルギー状態では3つの力が一致すると考えられているのですが、現在の標準理論に基づいた計算では、3つの線の交点がかなりずれてしまいます［4－20］。

大統一理論構築の鍵を握る「超対称性」

これをピタリと一致させるには、ある新しい仕掛けが必要です。素粒子の世界に「超対称性」という性質があれば、理論上は3つの力が高いエネルギー状態で一致します［4-21］。

さんざん対称性の話をしてきた後で、こんどは「超」対称性といわれたのでは、面食らうかもしれません。とりあえずは、文字どおりに「すごい対称性」のことだと思ってもらえばいいでしょう。英語でも「Supersymmetry」と呼ばれており、「Susy（スージー）」という愛称もあります。

では、その超対称性とヒッグス粒子の「カオナシ族」にはどんな関係があるのか。

実は、超対称性理論では、「超対称性粒子」という一群の粒子の存在が予言されています。その種類の数は、標準理論の素粒子と同じです。すでに見つかっている標準理論の素粒子すべてに「超対称性パートナー」が存在するので、種類がざっと倍に増えるのです［4-22］［4-23］。

しかも、標準理論の物質粒子の超対称性パートナーは力を伝える粒子で、標準理論の力の粒子は物質粒子の超対称性パートナーを持っている。もしそういう超対称性粒子が存在すると、標準理論では別々に扱われている物質粒子と力の粒子を統一的な理論で説明できることになります。その意味でも、統一理論に向けて大きく前進するといえるでしょう。

そして、この物質粒子のパートナーである超対称性粒子は、いずれもスピンがゼロだと予想されています。つまり、ヒッグス粒子と同じ「カオナシ族」なのです。ヒッグス粒子は、たく

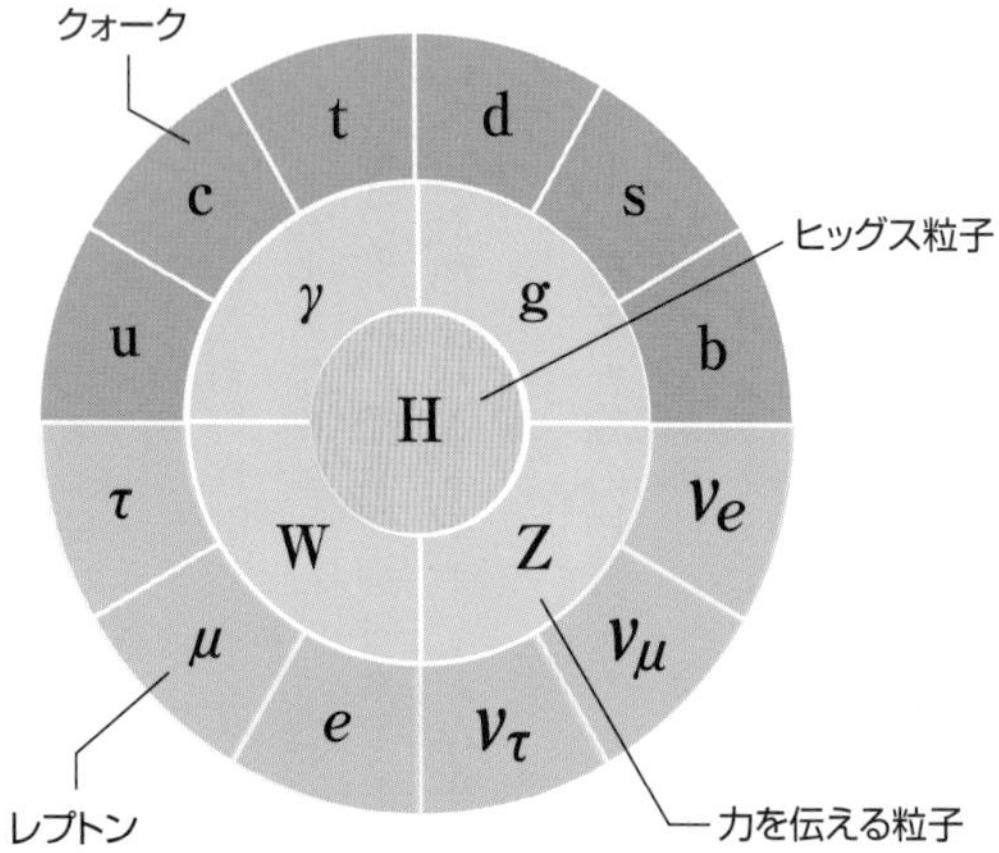

[4-22]**標準理論の17種類の素粒子**

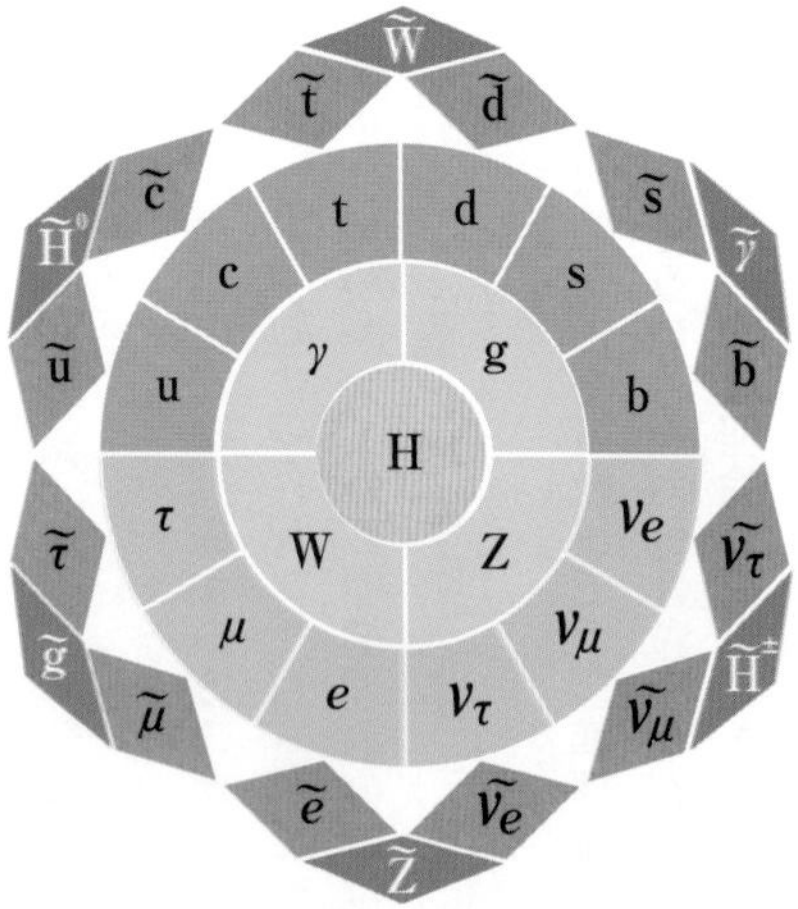

[4-23]**標準理論の素粒子の超対称性パートナー**

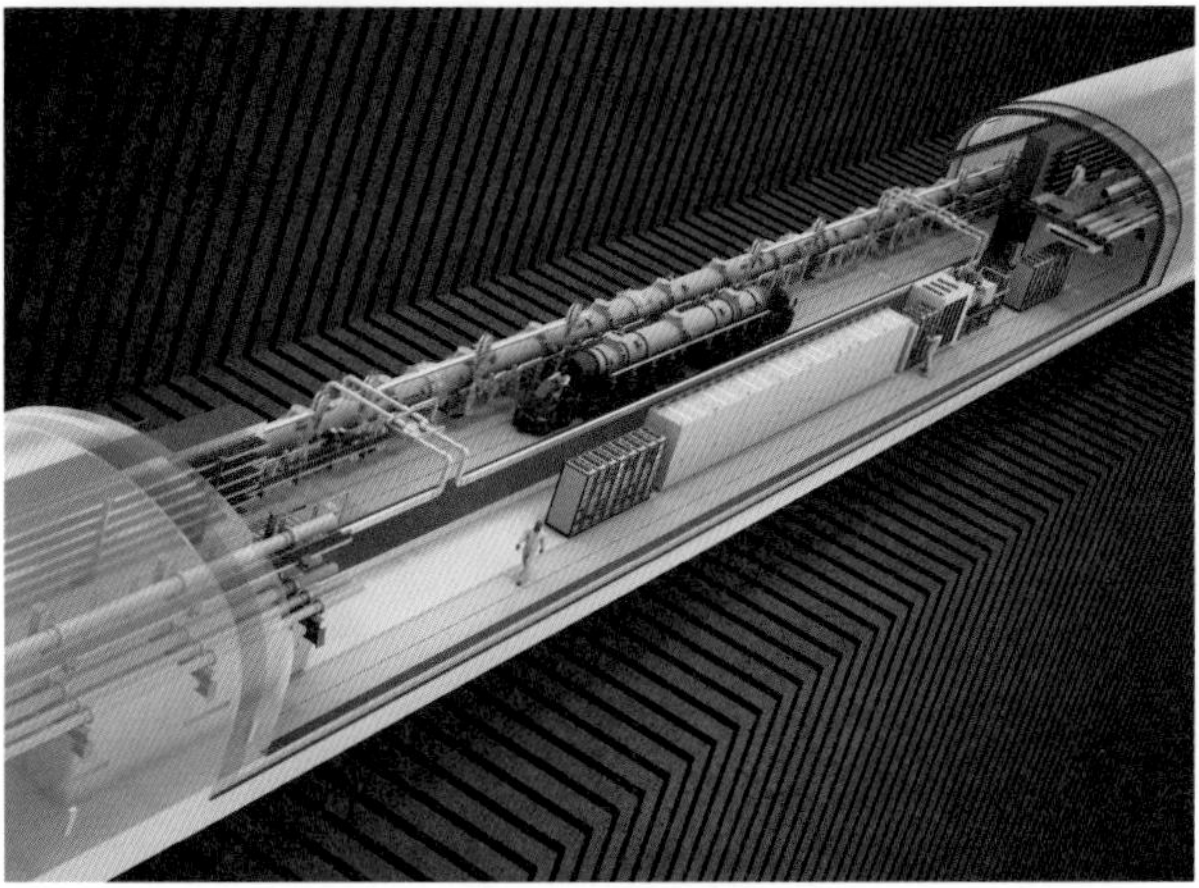

［4-24］**国際リニアコライダー（ILC）の主加速器トンネル**　©Rey.Hori / KEK

さん存在する「カオナシ族」の中で最初に発見された粒子なのかもしれません。

　こうした多くの謎を解くためには、まずはヒッグス粒子の性質をもっと詳しく調べる必要があります。そのため、ヒッグス粒子を発見したＣＥＲＮでは巨大加速器ＬＨＣを改良して、２０２２年から新たにアップグレードした実験を始めます。そこでは、ヒッグス粒子とは別の「カオナシ族」である超対称性粒子が発見される可能性もあります。

　また、円形加速器のＬＨＣとは別に、直線型の巨大加速器を国際協力で建設する計画もあります。日本への誘致が検討されているＩＬＣ（国際リニアコライダー）です［４－24］。ＬＨＣよりも精密な実験ができる加速器なので、これが実現すれば、ヒッグス粒子の性質をより詳しく解明できるでしょう。LHCでは発見が難しい新粒子の発見も期待できます。LHCやILCについては、私が編著者として作った『宇宙を創る実験』（集英社新書）に詳しいので、興味のある方は読んでみてください。

超対称性が「超」なのは、ふつうの対称性ができないことができるからです。大統一理論で、3つの力を統一しようとしていることはすでにお話ししました。空間の回転で左右と前後を入れ替えられるように、弱い力、強い力、電磁気力を対称性で入れ替えることで、ひとつの力に統一するのが目的です。

同じように一見関係のないクォークとレプトンの物質粒子も対称性で入れ替えることができれば、原理的に同じものだということになります。

しかしこのままではまだ、物質は力とはまったく別の存在です。超対称性は、「超」とついている以上「すごい」対称性で、物質と力を入れ替えることができるのです。これがあれば、力も物質も、ひいてはヒッグスもそもそも同じものとして説明できる可能性があるのです。

これらの研究が進めば、対称性が自発的に破れた宇宙空間の根源には、きれいに統一された美しい物理法則があることがわかるかもしれません。少なくとも私たち物理学者は、そうなることを信じて努力を重ねています。

第5章 宇宙の現在の姿は奇跡なのか

不安定なものはいつか崩れる

私たちのすむ宇宙は、対称性の高い美しい空間です。その宇宙の成り立ちを説明する物理法則も、高い対称性を保ちながら、より簡潔に統一される方向で進歩してきました。現実の自然界は対称性がさまざまな形で自発的に破れていますが、その根本にある法則は対称性を持っています。

しかし、今後さらに理論や実験が進み、高い対称性を持つ「究極の統一理論」が完成したとしても、それだけで物理学者が満足するわけではありません。物理法則が本当に「美しい」と思えるには、「対称性」と「簡潔さ（統一）」のほかに、もうひとつ「自然さ」という条件があります。「安定感」といってもいいでしょう。

対称性の高さは数えることができますし、簡潔さも統一の度合いによって客観的に比較することができます。その2つと比べると、この「自然さ」はかなり主観的な概念です。客観性が求められる自然科学にはいささか馴染まないように思われるかもしれません。

それに、自然界が常に安定した構造になるわけでもないでしょう。ときに自然界では、ひどく不安定な状態が出現します。

たとえば、アメリカのユタ州にあるアーチーズ国立公園をご存知でしょうか。私も旅行で行

[5-1] **デリケート・アーチ**　Credit : iStock.com/MBPROJEKT_Maciej_Bledowski

ったことがありますが、そこには奇妙な形をした岩がたくさんあります。

写真［5－1］は、「デリケート・アーチ」と名付けられたものです。その名のとおり、ちょっとした振動でも崩れてしまいそうなデリケートな状態です。「バランス・ロック」［5－2］も、実に危うい雰囲気です。これでバランスが取れているから落ちないのでしょうが、見ていると不安な気持ちになってきます。

自然界にはこのようなものもあるので、それを支配する物理法則が不安定でもおかしくはない——という考え方もできなくはないでしょう。理論的に正しい手順で計算した結果であれば、それが不安定でも受け入れざるを得ません。

でも、不安定なものは、やはりいつか崩れる可能性が高いものです。バランス・ロックも、

[5-2] **バランス・ロック** Credit : iStock.com/folgt

いつ途中からポキリと折れても不思議ではありません。ですから物理法則も、なるべく安定感のあるものであってほしい。「計算するとたしかにこうなるけど、何だか不自然だよね」と誰もが感じるような理論は、避けたいのです。それこそ左右対称の富士山のようにどっしりと構えて、どこから押してもビクともしないような美しい理論であってほしいと思います。

たとえば前章でお話ししたヒッグス粒子のスピンも、ある意味で「自然さ」に欠けるものでした。ほかの素粒子がみんなスピンを持っているのに、ひとつだけスピンがゼロというのはいかにも不自然です。

だから物理学者はそれを「気持ち悪い」と感じ、スピンがゼロでも不自然ではなくなる仮説を考え、それを実証しようとしています。もしヒッグス粒子が複合粒子だったり、「カオナシ族」の粒子がほかにもたくさん存在したりすれば、誰もがそれを「自然」だと受け止めて安心するでしょう。

陽子と中性子の質量がほぼ同じなのは奇跡なのか

これまでにも、当初は不自然だと思われた物理法則や物理定数が、実は自然なものだったとわかったケースはいくつもありました。

たとえば、自然界の法則にはさまざまな自然定数があります。電子やクォークの質量、電荷の大きさ、重力や電磁気力の強さなどは、もともと決まっていて変わることがありません。決まっているのだから話はそこで終わりそうなものですが、物理学者はそこで「もし定数を少し変えたら宇宙はどうなるか?」と考えます。

もし、定数をほんの少し変えただけで宇宙がまったく別の姿になるとしたら、その定数を含んだ物理法則はあまり安定感のあるものとはいえないでしょう。デリケート・アーチやバランス・ロックのように、いまの宇宙は奇跡的に現在の姿になったような気がしてしまいます。

一例を挙げましょう。原子核を構成する陽子と中性子は、質量がほとんど同じです。実際には中性子のほうが少しだけ重いのですが、その差はたった0・2%にすぎません。では、この両者の質量にもっと大きな差があり、陽子のほうが中性子よりも2割ほど重かったとしたら、どうなるでしょう。

粒子には、質量の重いものが崩壊して軽いものに変わる性質があります。実際、中性子は弱い力によって「ベータ崩壊」という現象を起こして陽子に変わり、それによって質量数は維持したまま原子番号がひとつ増えた別の原子核になります。もし陽子のほうが重ければ、その立場は逆になり、陽子が崩壊して、軽い中性子になるでしょう。

すると、原子核は電子を捕まえておくことができません。電子（電荷がマイナス）を陽子（電荷がプラス）が捕まえることで原子が作られるので、原子核内部がすべて電荷を持たない中性子になると、原子核と電子がそれぞれバラバラに存在することになり、原子ができません。原子がなければ、星も銀河も私たちも生まれません。陽子と中性子の質量という自然定数をちょっと変えるだけで、この宇宙はまったく別の姿になってしまうのです。

そう聞くと、物理学者でなくとも、何となく不安になるのではないでしょうか。この宇宙に星が生まれ、それが最後に爆発し、宇宙空間にバラ撒かれた星屑によって、地球や私たちはできています。そのことが、バランス・ロックがギリギリのバランスで成り立っているのと同じような奇跡に思えてくるのです。

でも、素粒子の研究が進んだ結果、これは奇跡でも何でもないことがわかりました。

陽子と中性子は、どちらも3個のクォークからできています。もし、クォークの合計質量で陽子と中性子の質量が決まるなら、やはり不安は消えません。クォークの質量を少し変えれば、陽子のほうが重くなってしまいます。

しかし、陽子と中性子の質量を決めているのは、クォークの質量ではありませんでした。3つのクォークを足した質量は、陽子や中性子の質量のたった1％にすぎません。それ以外の99％は何かというと、クォークの運動エネルギーです。クォークは強い力によって陽子や中性子の中に閉じ込められているのですが、そこではクォークが自由にビュンビュンと動き回っていることがわかりました。その運動エネルギーが、アインシュタインの$E=mc^2$の式どおり質量に換算され、陽子や中性子を重くしているのです。

陽子や中性子の質量がこのようにして生まれていることは、南部陽一郎さんが指摘したことでした。とはいえ、強い力にしたがう粒子の性質を調べるのは理論的にたいへん難しく、スーパーコンピュータを何カ月も走らせてやっとわかるかどうか、という状況です。

しかし2021年、私は超対称性をうまく使うと、陽子や中性子の質量がどう生まれるのかを調べられることを論文で発表しました。南部さんの指摘から60年遅れではありますが、これでやっと南部さんのノーベル賞をちゃんと理解できるようになったのは、とても嬉しいことでした。

以上のことからわかるのは、「もし陽子が中性子より2割重かったら」という仮定自体に意味がないということです。クォークの運動エネルギーの大きさは強い力の理論によって決まるので、陽子と中性子の質量はほぼ同じになるのが当たり前なのです。

地平線問題、平坦性問題という2つの不自然

いまは陽子と中性子の質量という小さな世界の話をしましたが、宇宙全体の成り立ちに関しても、かつて物理学者たちは深刻な「不自然さ」に直面していました。観測された宇宙の姿が、２つの点で奇跡のようにしか思えなかったのです。

その「奇跡のような宇宙の姿」は、実はすでに本書の中で紹介しました。ひとつは、ビッグバンの「残り火」である宇宙マイクロ波背景放射（ＣＭＢ）が、全天でほぼ同じ温度であること。もうひとつは、宇宙空間の曲率がほぼゼロに近く、真っ平らな形をしていることです。

ＣＭＢが「どこでも同じ温度」であることは、宇宙空間の対称性を裏付けているので、ごく自然で美しいことだと思われるかもしれません。砂浜の砂が全体的に同じ大きさの粒で揃っているのと同じように、宇宙全体の温度がほぼ同じなのは当たり前のことのようにも思えます。

でも、ちょっと考えてみてください。ＣＭＢは１３８億光年先から地球に届きます。ですから、あなたの真正面に見えるＣＭＢは、１３８億年かけてそこに届きました。だとすれば、その光があなたの真後ろにあるＣＭＢに届くのは、いまから１３８億年後です。つまり、ＣＭＢ

の端と端はお互いに影響を及ぼすことができません。宇宙には光より速い情報伝達手段がないので、光が届かないところには何も伝わらないのです。

海岸では地平線の向こう側を見ることができません。それと同じで、宇宙空間でも、光が届かなくなる地平線の向こう側とは因果関係を持つことができません。因果関係がないのですから、温度もそれぞれの都合で勝手に決まるはずです。それが全天で同じ温度になっているのは、きわめて不自然です。たとえば生徒が40人いる学校の教室で「昨日の夜は何を食べましたか」と質問して、全員が「ハンバーグ」と答えたら、やはり不自然だと思うでしょう。なぜカレーやアジの開き、鶏の唐揚げがなかったのか。絶対にあり得ないことではないけれど、そうなる確率はものすごく低い。常識的には「奇跡」と呼びたくなります。

138億年前の宇宙はいまよりはるかに小さかったので、端から端まで光が届いたのではないか、と思う人もいるでしょう。昔は全体が地平線の内側に入っていたなら因果関係が持てるので、そのときに温度を同じに揃えたとすれば、膨張した宇宙が全体的に同じ温度になるのも不思議ではありません。40人の生徒たちが前日に「今夜はハンバーグを食べよう」と示し合わせていたようなものです。

しかし、小さかった時代の宇宙にも地平線はありました。物質は光速を超えられませんが、空間の膨張は光速を超えられるからです。何かを伝えようと光が走っても、相手はそれより速

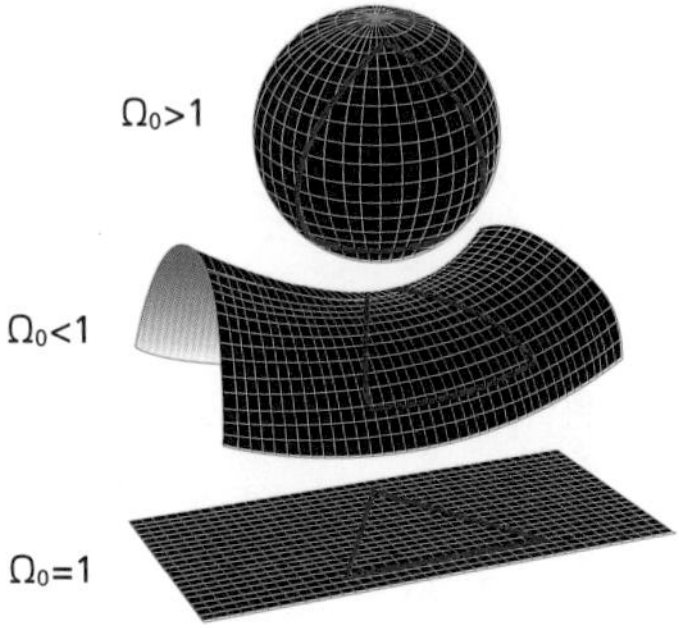

いまの平坦さを出すには、宇宙の最初は曲がり具合が

$$<10^{-26}=0.00000000000000000000000001$$

でなければならない

[5-3] **平坦性問題＝宇宙はなぜほぼ平らなのか**

く遠ざかっていくので、追いつくことができません。宇宙膨張が減速して、やっと追いつくようになったので、膨張する前に示し合わせることができたとは思えません。したがって「地平線問題」は大きな謎でした。

もうひとつの「平坦性問題」も、やはり確率の低さが謎でした。図［5－3］のように空間の曲がり方は3種類ですが、そうなる確率は3分の1ではありません。曲率がプラスかマイナスの場合、その曲がり方の度合いは無限にありますが、平坦になるための曲がり方にはそういう幅がないからです。ボウリングのボールがレーンの中央をまっすぐに進む確率は、左右どちらかに曲がる確率よりはるかに低いでしょう。ほんの1センチだけ曲がるのも、すぐにガーターに飛び込むのも「曲がった」ほうにカウントされます。

しかも宇宙は膨張しているので、現在の宇宙が平坦になるのは、膨張スタート時にきわめて高い精度の調整が必要です。最初はほぼ平坦でスタートしても、ちょっとズレがあれば、138億年後には大きく曲がってしまうでしょう。ボウリングのボールも、投げたときのズレよりピンに当たるときのズレのほうが大きくなります。

計算してみると、現在の宇宙がほぼ平坦になるには、膨張を始めたときの最初の曲がり具合を10^{-26}に抑えなければいけません。小数で書けばゼロが25個です。

それより少しでも大きく曲がっていたら、現在の平坦な宇宙はありません。平坦にならないほうが、圧倒的に「自然」なのです。

バクテリアが銀河サイズに、宇宙の急速膨張

この地平線問題と平坦性問題を解決できなければ、私たちはいわばデリケート・アーチの上にバランス・ロックを載せたような、きわめて不安定な状態の宇宙で暮らしていることになります。だとすると、そこで働く物理法則が完全に統一されても、そこに物理学者が感じる美しさや満足感は半減してしまうでしょう。

しかし、この2つの問題をまとめて解決してしまう理論が、30年ほど前に登場しました。1

981年に、日本の佐藤勝彦さんやアメリカのアラン・グースなどがそれぞれ独立に発表した「インフレーション理論」です。

インフレーションとは、物価の急上昇になぞらえてアラン・グースが比喩的に付けた名前でした。同じ現象が、佐藤さんの当初の論文では「宇宙の指数関数的膨張」と呼ばれています。その言葉どおり、これは誕生から間もない宇宙が短時間のうちに倍々ゲームで急膨張したとする理論です。それによれば、インフレーションの後で宇宙は熱い「火の玉」になりました。「ビッグバン」という言葉は宇宙の始まりを指して使われることもありますが、超高温・超高密度の「火の玉」をビッグバンと呼ぶのであれば、「ビッグバンの前にインフレーションが起きた」ということもできます。

インフレーション理論が正しいとすれば、その急膨張は想像を絶するものでした。インフレーションが始まったのは、宇宙誕生の10^{-36}秒後、終わったのは10^{-34}秒後と考えられていますから、ほんの一瞬の出来事です。そのあいだに、比でいうと、なんとバクテリアが銀河サイズにまで巨大化するほどの膨張が起きたというのですから、にわかには信じられません。

そんな急膨張が、いったいどんな仕組みで起こるのか。ここで、アインシュタイン方程式を見てみましょう［5－4］。もちろん、それぞれの項の意味はわからなくてかまいません。この式が意味しているのは、右辺の「$8\pi G_N T_{\mu\nu}$」が宇宙全体の「中身」、左辺の「$R_{\mu\nu}-1/2g$

$$R_{\mu\nu}-\frac{1}{2}g_{\mu\nu}R=8\pi G_N T_{\mu\nu}$$

[5-4]アインシュタイン方程式

$\mu\nu$R」が宇宙の膨張の度合いです。つまり、宇宙がどのように膨張するのかは、その中身＝エネルギーの総量によって決まる。したがって、インフレーション理論が予言するような急膨張を起こすにはすさまじい量のエネルギーが必要です。

そんなエネルギーが、初期宇宙に存在したのでしょうか。実は、この過激ともいえる急膨張を起こしたのは、現在の宇宙を加速膨張させている暗黒エネルギーと似た仕組みだったと考えられています。宇宙の体積が膨張によって増えると、それに伴って「中身」も増える。体積が8倍になればエネルギーも8倍に増えるとすれば、膨張速度は加速し、それによってエネルギーもさらに増えるでしょう。そのようなエネルギーがあれば、宇宙は倍々ゲームで急膨張します。

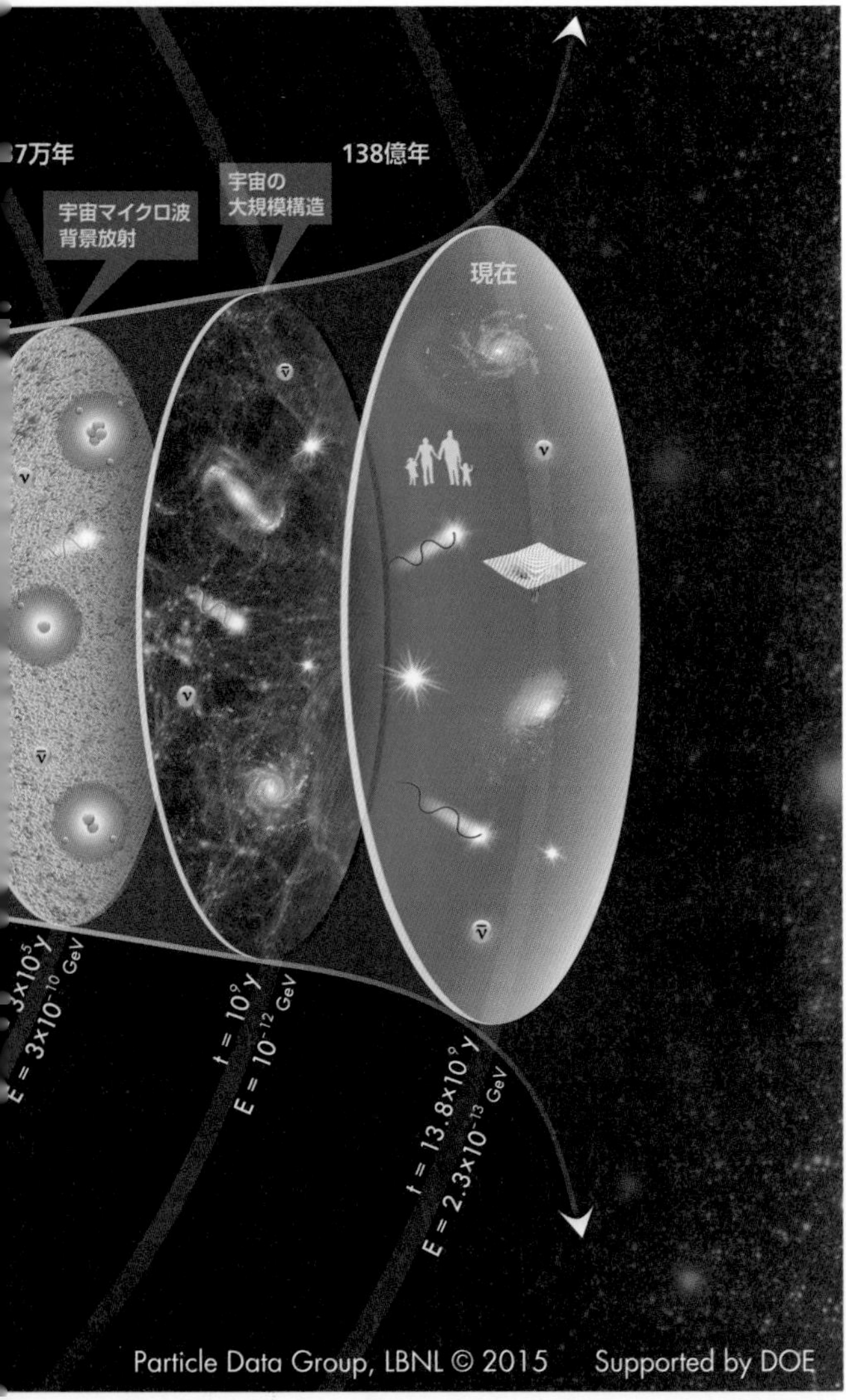
7万年
宇宙マイクロ波
背景放射
138億年
宇宙の
大規模構造
現在
3×10^{5} y
$E = 3\times10^{-10}$ GeV
$t = 10^{9}$ y
$E = 10^{-12}$ GeV
$t = 13.8\times10^{9}$ y
$E = 2.3\times10^{-13}$ GeV
Particle Data Group, LBNL © 2015
Supported by DOE

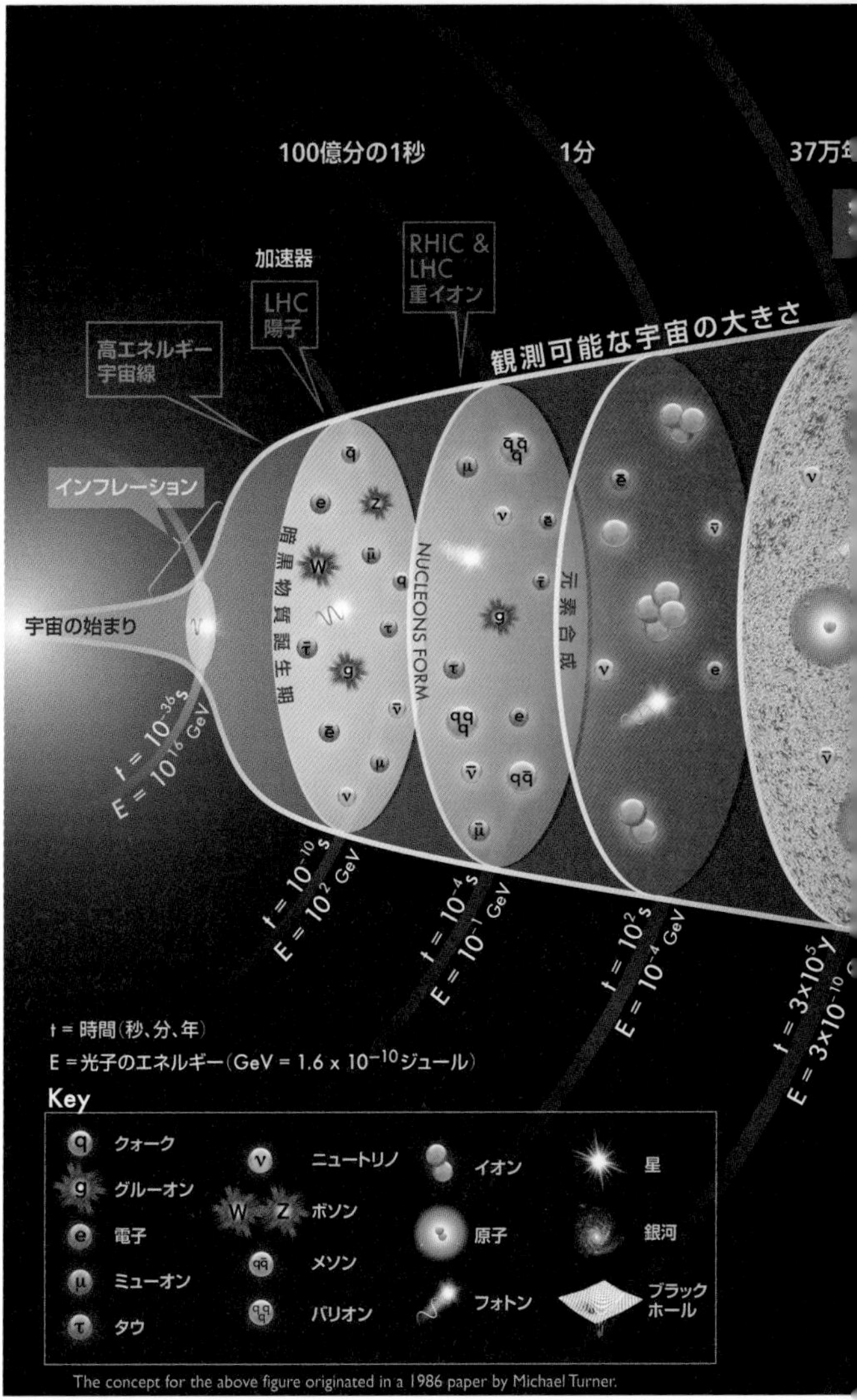
100億分の1秒
1分
37万
加速器
LHC
陽子
RHIC &
LHC
重イオン
高エネルギー
宇宙線
観測可能な宇宙の大きさ
インフレーション
宇宙の始まり
暗黒物質誕生期
NUCLEONS FORM
元素合成
$t = 10^{-36}$ s
$E = 10^{16}$ GeV
$t = 10^{-10}$ s
$E = 10^{2}$ GeV
$t = 10^{-4}$ s
$E = 10^{-1}$ GeV
$t = 10^{2}$ s
$E = 10^{-4}$ GeV
$t = 3 \times 10^{5}$ Y
t = 時間（秒、分、年）
E = 光子のエネルギー（GeV = 1.6×10^{-10}ジュール）
Key
クォーク
グルーオン
電子
ミューオン
タウ
ニュートリノ
ボソン
メソン
バリオン
イオン
原子
フォトン
星
銀河
ブラックホール
The concept for the above figure originated in a 1986 paper by Michael Turner.

[5-5] **宇宙の歴史**

インフレーション理論なら2つの不自然をまとめて解決

何もない空間で、膨張がエネルギーを増やし、増えたエネルギーが膨張を加速する。この仕組みは業界用語で「究極のタダ飯」と呼ばれています。この仕組みによってインフレーションが起きたと考えると、先ほどの2つの「不自然さ」は解消されます。

まず、地平線問題です。インフレーションが始まる前の宇宙は、原子1個よりも小さい空間でした。その段階では全体が地平線の内側におさまっているので、因果関係を持つことができます。ならば、生徒たちが翌日の夕飯のメニューを示し合わせるように、温度を同じにすることもできるでしょう。

ところが、お互いの温度を示し合わせた後で、宇宙はインフレーションによって一気に広がりました。なにしろバクテリアが一瞬で銀河サイズになるぐらいの膨張ですから、小さな宇宙で温度を合わせていた各点は、あっという間に地平線を越えてお互いが見えなくなってしまいます。

その後でビッグバンが起こり、宇宙はインフレーションとは比較にならないほどゆっくりとした速度で膨張を始めました。いわば、インフレーションでお互いが地平線の向こうに遠ざけられた無数の「小部屋」のような宇宙が、それぞれ膨張してきたようなものです。

私たちは、それから37万年後に放たれたＣＭＢを観測しているので、全天に広がる無数の

「小部屋」がすべて同じ温度であることが信じられません。すぐ隣にある「小部屋」であっても、ビッグバンから現在まで一度も連絡を取れなかったはずだからです。しかし実はビッグバンの前に、その「小部屋」たちは同じ空間の中にありました。したがってインフレーション理論が正しければ、そもそも「地平線問題」は存在しません。全天が同じ温度なのは奇跡でも何でもなく、ごく当たり前のことになります。

一方、平坦性問題のほうはどうでしょうか。

インフレーションが起きたとすると、宇宙は誕生したときから平坦である必要はありません。実際、生まれた瞬間の宇宙は、小さな男の子がポケットから取り出したハンカチのようにクシャクシャに丸まっていた可能性もあります。そのままゆっくり膨張すれば、現在の宇宙はもっとクシャクシャな状態だったでしょう。

しかし急激な膨張は、それを一瞬にして引き伸ばして真っ平らにしました。どんなにクシャクシャなハンカチも、アイロンをかければシワが伸びてきれいになります。それと同じように、インフレーションが宇宙を平坦にしてからビッグバンが起こったのです。その後の宇宙が真っ平らなまま膨張してきたのは、少しも不自然なことではありません。最初にものすごい精度で平坦に宇宙を始める必要はなかったのです。

インフレーションは星や銀河の種を蒔いた「お父さん」

ただし、インフレーションによって宇宙が完全に平らで均質な空間になってはいけません。なぜなら現実の宇宙には、ほんのわずかなデコボコがあるからです。

CMBに、10万分の1程度の温度差があることはすでに89ページでお話ししました。このデコボコは、私たちにとってひじょうに大きな意味を持っています。前に、宇宙に星や銀河などの構造物ができたのは暗黒物質に「濃淡」があったおかげだ、という話をしました。暗黒物質は重力源なので、それが濃いところに多くの物質が集まったわけですが、その濃淡がCMBの温度差に現れているのだと考えられています。暗黒物質が完全に均一で濃淡の差がなかったとしたら、星や銀河、そして私たちは生まれなかったでしょう。

ですからインフレーションは、宇宙を平坦にしながらも、少しだけデコボコを残しておいてくれないといけません。やや虫のよい話に聞こえるかもしれませんが、そうでないと現実の宇宙を説明できないのです。

では、インフレーション理論はその「デコボコ」をどう説明するのか。そこで重要なのが、インフレーションを起こす前の宇宙は原子よりも小さいミクロの世界だったということです。ミクロの世界である以上、その空間では量子力学を使うことができます。そして量子力学では、何も物質がないはずの真空であっても、常に「ゆらぎ」があると考えます。

空っぽの真空で何がゆらぐのか、不思議に思うのも無理はありません。しかし量子力学の大きな柱である不確定性原理によれば、時間とエネルギーのあいだには「一方の値を正確に決めると一方の値が曖昧になる」という関係があります。「位置」と「速度」のあいだにも同じ関係があるのですが、両方を同時に正確に計測することはできず、一方をきちんと決めると、もう一方の数値に曖昧な幅が生じるので、そちらはいくらでも大きくなれるのです。

そのため何もないはずの真空状態でも、ほんの短い時間であれば、エネルギーを生むことができます。エネルギーは質量に変換できるので、これは電子やクォークなどの粒子が生じるのと同じことです。ただし、これは真空からエネルギーを一瞬だけ借りているようなものです。保存則を守るためには、借りたエネルギーをすぐに真空へ返さなければいけません。一瞬だけ保存則を破っていますが、お母さんが子どものお年玉から黙ってちょっとお金を借りても、すぐに返せばバレないのと同じことだと思えばいいでしょう。

そうやって、真空では常に粒子が生まれたり消えたりしています。これが、量子力学的な「ゆらぎ」にほかなりません。

インフレーションの急膨張は、その「ゆらぎ」も一気に押し広げました。真空からエネルギーを借りた粒子がそれを真空に返して消える前に、空間がすさまじい勢いで膨張してしまったので、無数のゆらぎが宇宙全体に固定化されたのです。

たとえば、旅先で知り合い親しくなった人に、後ですぐに返すからと小銭を借りたとしましょう。ところが、自分に緊急の用事ができて、お金を返さないうちに出発してしまいました。自分は借りっ放し、相手は貸しっ放し、お互いの連絡先がわからないため、貸し借りがチャラにならない状態、これが、ゆらぎが宇宙全体に固定されたイメージです。そうやってできたデコボコがＣＭＢの10万分の１程度の温度差や暗黒物質の分布の濃淡を生みました。

インフレーション理論は、地平線問題や平坦性問題を解決するだけでなく、星や銀河や私たちが生まれた理由も説明してくれるのです。

つまり、インフレーションは星や銀河の種を蒔いた「お父さん」、暗黒物質はその種を育んで星や銀河に育てた「お母さん」、そうした両親のおかげで私たちが生まれたわけです。

とはいえ、暗黒物質の正体がわからないのと同様、インフレーションがどうやって起きたのかもまだわかっていないので、私たちはどちらの親とも「生き別れ」状態です。

誕生から37万年間鳴り響いた「宇宙交響楽」

第２章で「空間の曲がり方が３種類のどれなのかは、三角形の内角の和を調べればわかる」という話をしました。平坦な空間ではそれが１８０度になるわけですが、実はそれを調べられるのも、インフレーションが宇宙に濃淡を作ってくれたおかげです。

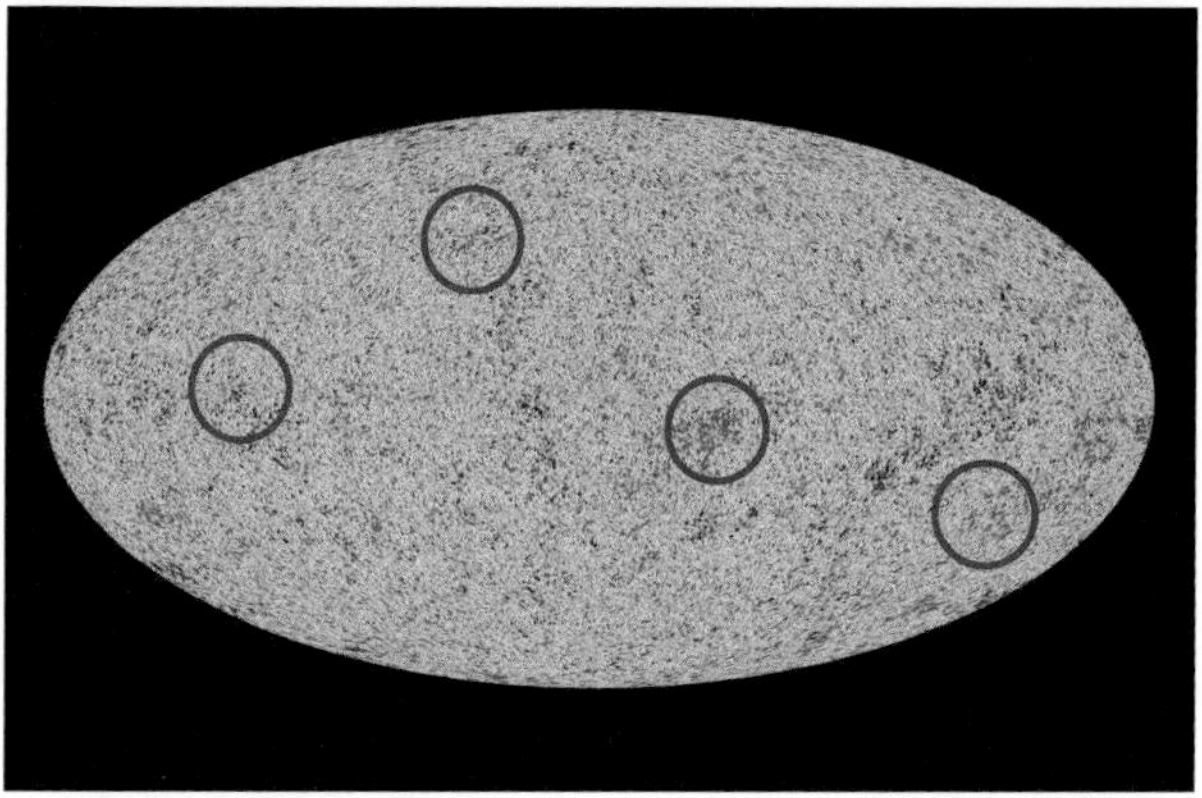

[5-6] **宇宙マイクロ波背景放射** Credit : ESA/Planck Collaboration

ビッグバンから37万年後まで、宇宙では光が直進できませんでした。超高温状態では粒子の運動エネルギーが高く、それぞれが激しく飛び回るため、原子核（おもに陽子）が電子を捕まえることができません。電子が自由に飛び回っていると、光の粒子がそれに反応して散乱してしまうのです。37万年かけて宇宙が冷えると、電子と原子核がくっついて原子になり、邪魔者がいなくなった光はまっすぐ進めるようになりました。これを「宇宙の晴れ上がり」といいます。

晴れ上がる前の宇宙は、さまざまな粒子が活発に動き回る熱いスープのような状態でした。その当時の状態を私たちに教えてくれるのが、ＣＭＢです。あらためてプランク衛星が観測したＣＭＢの画像［5－6］を見ると、温度の高い部分と低い部分がおおむね同じような大きさになっているのがわかる

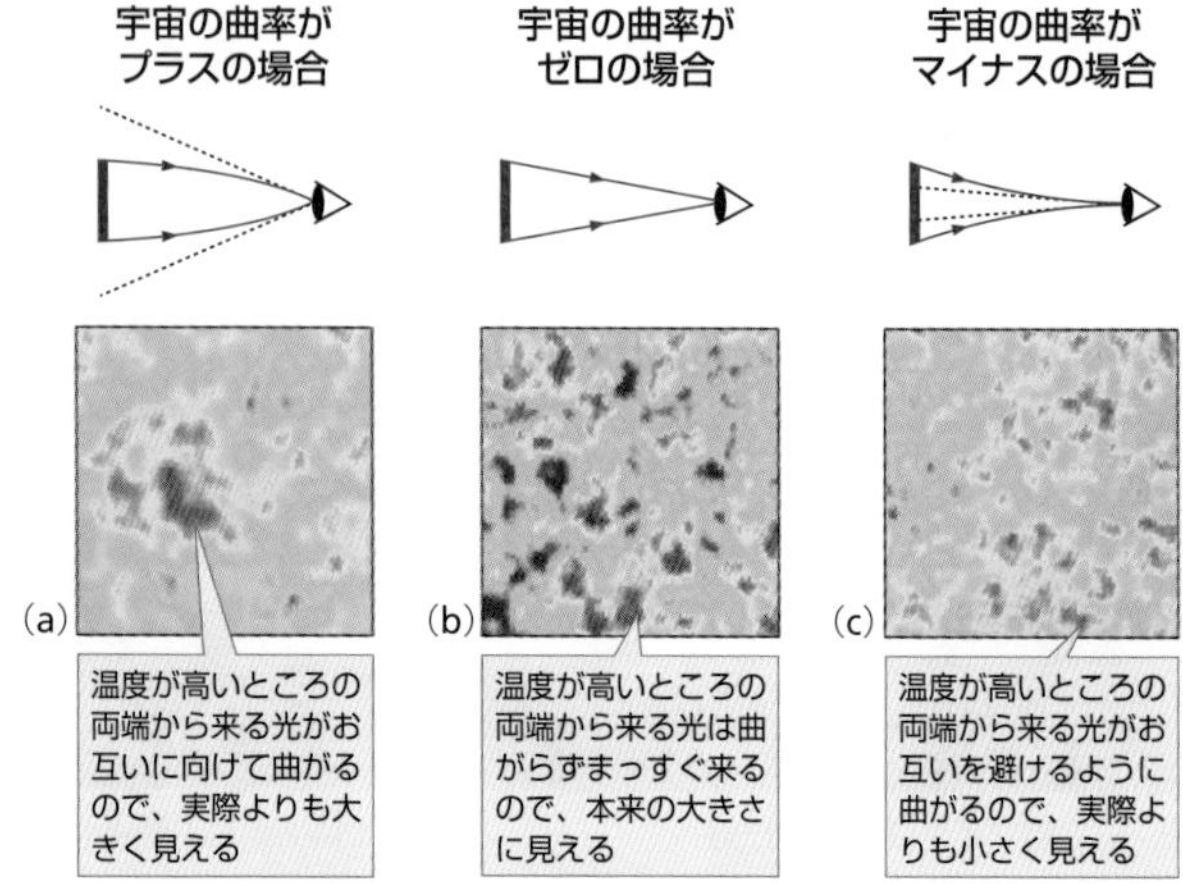

[5-7] **宇宙空間が平坦であることを確認**

でしょう。

高密度の熱いスープだった宇宙には、このとき「音」が鳴り響いていました。私たちは空気の振動を音としてキャッチしますが、１３８億年前の宇宙では粒子スープが空気と同じ役割を果たして、音波を伝えていたのです。

私の友人である杉山直《なおし》さん（名古屋大学教授）は、それを「宇宙交響楽」と名付けました。人間の耳には感知されない超低音の低い周波数ではありますが、誕生から37万年間、宇宙はまるで交響楽のように鳴り響いていたのです。

その音の大きさが、先ほど見たＣＭＢの濃淡の大きさ（の2乗）にほかなりません。水面の波は上下しながら伝わりますが、音波は媒質が濃くなったり薄くなったりしながら伝わる「疎密波」です。その濃淡を、インフレーションが量子ゆらぎをタネにして用意しました。それが音波として鳴り始めた状態が、ＣＭＢに焼き付けられて私たちに届いているのです。

その音波が揺れる波長は、宇宙が晴れ上がる前の「スープ」に含まれていた光子と電子の性質で決まるので、計算することができます。すると、ＣＭＢの濃い部分と薄い部分の距離がわかる。その２点と地球をつなぐと、地球側を頂点とする逆二等辺三角形が描けます。計算してみると、その三角形の底辺の両端は地球から見て１度の視差があることがわかりました。

ただし、それは宇宙空間が平坦だとした場合の角度です。もし宇宙が曲がっていれば、三角形の内角の和が変わりますから、その角度は１度より大きくなったり小さくなったりするでしょう。しかし実際に観測した結果、その角度はやはり１度でした。これによって、宇宙空間が平坦であることが確認できるのです。また、それが確認できたこと自体が、インフレーション理論の正しさを裏付けるひとつの状況証拠となりました。

加速器は「宇宙を創るタイムマシン」

それ以外にも、インフレーション理論と矛盾しない観測結果はあります。もしＣＭＢの濃淡が粒子の量子ゆらぎに由来するものだとすれば、その温度差とばらつきの数はきれいな左右対称の正規分布になると予想されていました。その予測値と観測値を並べたグラフ［５－８］を

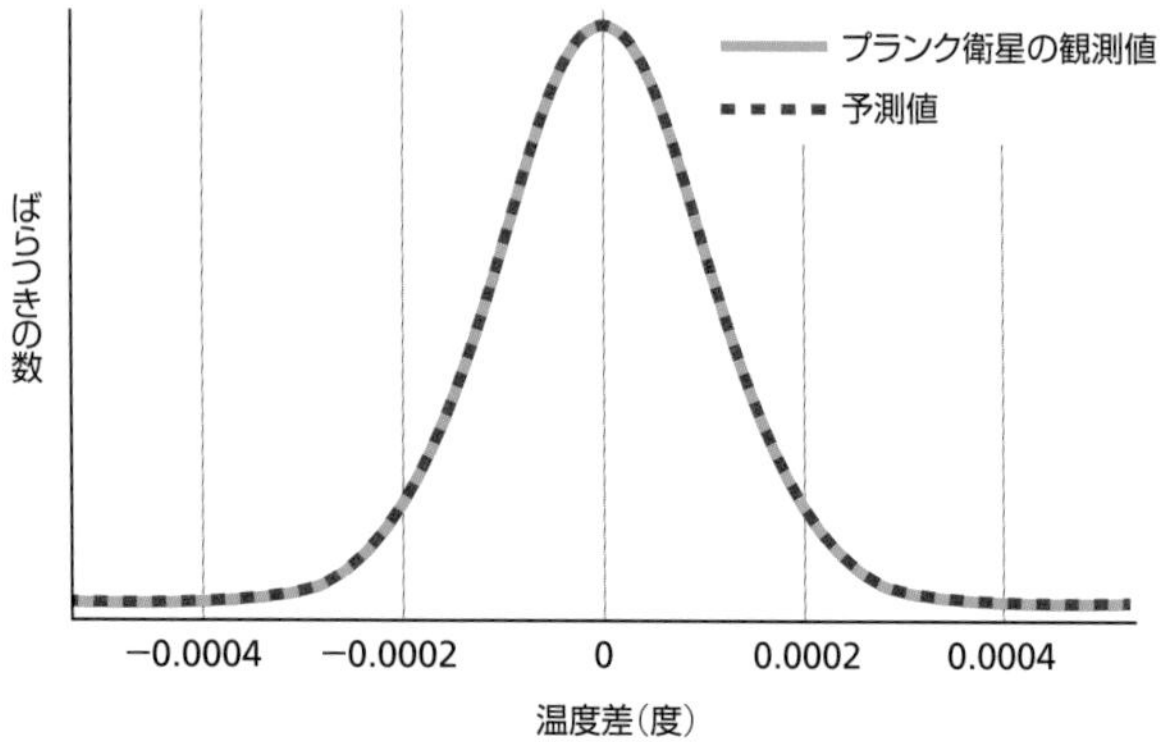

[5-8] **CMBの温度差とばらつきの数**

プランク衛星によるCMBの写真の温度はどの方向もほとんど同じだが、絶対温度2.75度に対して 0.0001度ほどのふらつき（青）があり、きれいにランダムな正規分布（オレンジ）になっている。インフレーションがサイコロを振るようにシンプルな量子ゆらぎから温度と密度のふらつきを作ったと考えると理解できる。 Credit：小松英一郎

見てください。プランク衛星の観測結果は、私たち専門家が感動するほど見事に理論的な予測と一致していました。

しかし、これだけではまだインフレーションの完全な証明にはなりません。この一致は、インフレーションが起きたことの必要条件であって、十分条件ではないのです。

では、どうすればインフレーションの動かぬ証拠を見つけられるのでしょうか。そのためには、それが起きた時代の宇宙、つまり「ビッグバンの前」を見る必要があります。でも、宇宙が晴れ上がる前の時代は光が届かないので、従来の望遠鏡では絶対に見ることができません。いまは可視光だけでなく、電波、赤外線、X線などをキャッチする望遠鏡がありますが、いずれも見えるのは電磁波

（光）です。

そのため物理学の世界では、晴れ上がる前の宇宙を知るための工夫がなされてきました。ヒッグス粒子を発見したＣＥＲＮのＬＨＣに代表される加速器実験もそのひとつです。光速近くまで加速した陽子や電子などを衝突させ、そこで何が起きるかを観測する加速器実験は、時代を追うごとにその衝突エネルギーを高めてきました。だから「高エネルギー物理学」とも呼ばれるのですが、その分野でより高いエネルギーが求められるのは、初期宇宙を実験室で再現するのが目的だからです。

１３８億年かけて膨張を続けてきた宇宙は、過去に遡るほど高いエネルギー状態にありました。ですから、晴れ上がる前の宇宙を見ることはできなくても、そのエネルギー状態を再現すれば、そこで何が起きたかを知ることができます。

たとえば暗黒物質が生まれたのは、おそらく宇宙誕生から１００億分の１秒後ぐらいのことだったと思われます。パワーアップしたＬＨＣや、建設が熱望されるＩＬＣでは、その暗黒物質を検出できるかもしれません。

また、ヒッグス粒子が宇宙空間に凍りついたのは宇宙誕生から1兆分の1秒後のことです。そこまでは電磁気力と弱い力が「電弱力」に統一されていました。それに強い力を加えた３つの力が統一されていたのは、もっと前の時代です。加速器の性能が上がり、「大統一理論」の証拠を見つけることができれば、さらに宇宙誕生に近い時代を「見た」ことになるでしょう。

つまり加速器は「宇宙を創るタイムマシン」の役割をするのです。

インフレーションの動かぬ証拠・原子重力波

その一方で、晴れ上がり前の宇宙を加速器で「再現」するのではなく、本当の意味で「見る」ための実験も行われています。先述したとおり、その時代の電磁波（光）を見ることは原理的に不可能ですが、初期宇宙から届く「波」は電磁波だけではありません。インフレーション理論は、その現象によって生じたある「波」が、宇宙全体に広がっていることを予言しています。

それは、「重力波」です。

重力波は、もともとアインシュタインが一般相対性理論でその存在を予言しました。電子のような電荷を持つ粒子が運動すると電磁波が出るのと同じように、質量のある物体が運動をすると、それによって生じた空間の歪みが波となって伝わるはずだというのです。

ただし重力波はひじょうに小さな波なので、検出が容易ではありません。過去には連星パルサーという天体の観測を通じて、間接的に重力波の存在が証明されました。そして２０１５年には、アメリカの検出装置ＬＩＧＯによってブラックホールが合体したことで生じた重力波が

[5-9]**KAGRA俯瞰図**　画像提供：東京大学宇宙線研究所 重力波観測研究施設

初めて直接観測され、「アインシュタインの最後の宿題」が解けたことはすでにお話ししました。

　重力波検出装置は世界各国で作られています。日本でも、神岡鉱山の地下に「ＫＡＧＲＡ」という大型低温重力波望遠鏡が建設され、２０２０年には運転が始まりました［５－９］。

　ＫＡＧＲＡのような実験が最初にキャッチするのは、連星中性子星やブラックホール、超新星爆発などの巨大な天体から生じる重力波でしょう。

　インフレーション理論が予言する重力波は、それらとは少し違います。その理論によれば、倍々ゲームの急膨張は宇宙空間を激しく揺らし、それが重力波を生みました。質量のある物体の運動から生まれたものではないので、こちらは

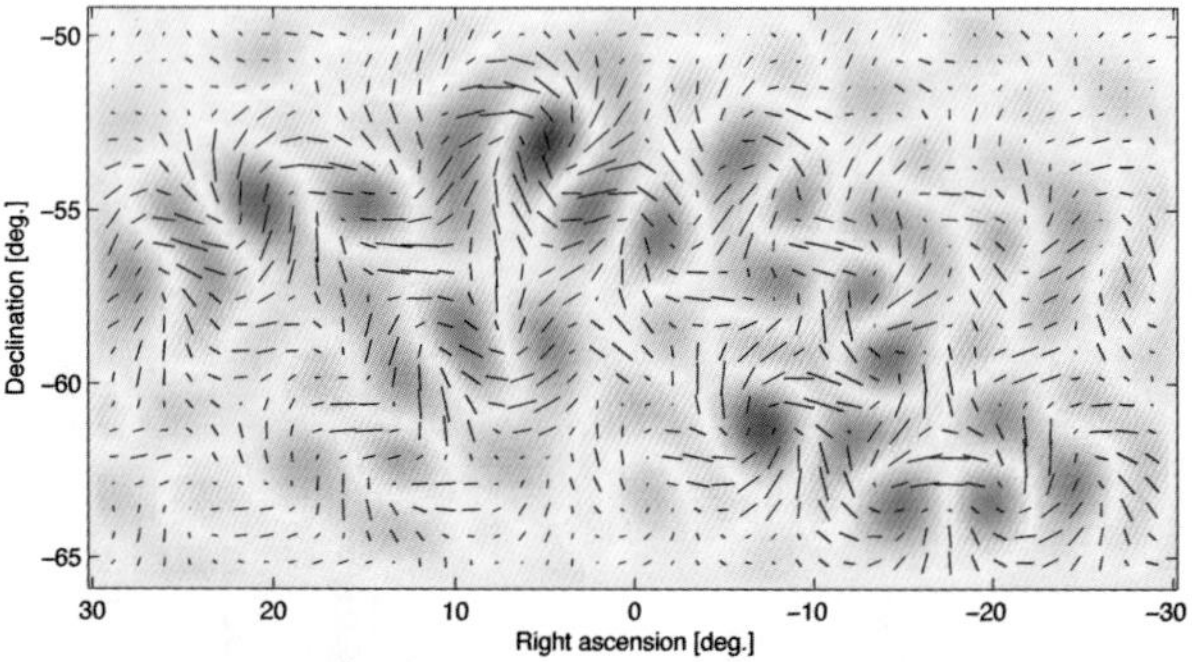

[5-10] **BICEP2が検出したＢモード偏光**
Credit:Harvard–Smithsonian Center for Astrophysics (P. A. R. Ade et al. (BICEP2 Collaboration) Phys. Rev. Lett. 112, 241101 (2014))

「原始重力波」と呼んで区別しています。原始重力波は現在も宇宙空間を漂っているはずなので、それを検出すればインフレーションの「動かぬ証拠」となります。

こちらも世界中で多くの実験グループが初検出を目指して競争しています。２０１４年３月にはそのうちのひとつが「原始重力波を発見」と発表しました。アメリカのカリフォルニア工科大学などが中心となっているＢＩＣＥＰ２という研究グループです。

原始重力波の観測は、その波の影響でＣＭＢに生じる独特の偏光を探す作業です。渦巻き型の「Ｂモード偏光」と呼ばれるもので、それがＣＭＢに見つかれば原始重力波が存在する証拠となり、原始重力波が存在するならインフレーションが起きたことになります。間違いなくノ

[5-11] LiteBIRDイラスト　提供：JAXA

ーベル賞に値する発見ですから、ＢＩＣＥＰ２グループが「発見」を発表したときには世界中で大々的に報道されましたし、私たち物理学者もかなり興奮しました。

しかしそれは、ＢＩＣＥＰ２の「勇み足」だったことがわかりました。というのも、Ｂモード偏光そのものは、ＣＭＢよりもずっと手前にある銀河系内の塵によっても生じます。それはＣＭＢの偏光ではないので、インフレーションとも原始重力波とも関係ありません。図［５－10］のように、彼らが検出した偏光はたしかに渦巻き型のＢモードでしたが、後にプランク衛星が検証したところ、これは銀河系内の塵である可能性が高いことがわかったのです。

ですから、原始重力波の発見競争はまだ終わっていません。日本からも羽澄《はずみ》昌史さん（ＫＥ

K〈高エネルギー加速器研究機構〉教授）をはじめとする研究者たちが、チリのアタカマ高地で実験をしているPOLARBEARというグループに参加しています。

現在はチリや南極などの地上からCMBの偏光を観測していますが、より精度の高い実験を行うために、将来は各国とも人工衛星を飛ばして宇宙空間から原始重力波を検出することになるでしょう。カブリIPMUでも、准教授の松村知岳さんが中心となって「LiteBIRD」という人工衛星を2020年代末に打ち上げる計画を進めています［5－11］。

特異点を回避して宇宙の始まりを説明せよ！

それらの実験によって原始重力波が発見され、インフレーションが本当に起きたことが証明されれば、宇宙の成り立ちをめぐる研究は大きく前進します。私たちの「お父さん」に会い、地平線問題と平坦性問題という不自然さが解消され、物理学者が求めてやまない「美しい物理法則」によって宇宙の根源を説明できる日が近づくことになるでしょう。

そもそもインフレーション理論の描く宇宙自体が、実に美しいものです。というのも、インフレーションを起こしている最中の宇宙空間は、その後の宇宙よりも高い対称性を持っているからです。

「D×(D＋1)÷2」という式によって、3次元空間では最大で6つの対称性を持てることがわかりました。3つの方向の並進と、3つの軸の周りの回転です。ところがインフレーション中の宇宙では、3次元空間に時間という次元を加えた「4次元時空」での対称性が成り立ちます。したがって対称性の数は、「D」に4を代入して10種類。なぜそうなるのかは専門的な話になるので省略しますが、ほんの一瞬のあいだとはいえ、ビッグバン前の宇宙は究極的な美しさを持っていたのです。

もちろん、インフレーション理論はその美しい宇宙がどのように生まれたのかまでは説明していません。その理論が語っているのは、生まれた宇宙が「火の玉」になるまでの様子です。インフレーションを始めたときの宇宙は原子よりも小さい空間でしたが、それより前はいったいどうなっていたのでしょうか。

それを考えるとき、物理学者の前には大きな壁が立ちはだかります。時間を遡るほど宇宙が小さかったとすれば、その始まりは体積も面積も長さもない「点」だったのだろうと考えるのが自然な流れでしょう。

しかし、宇宙の全エネルギーがひとつの点に集中すると、その値は無限大になってしまいます。そういう点を「特異点」というのですが、計算の中で無限大が生じてしまうと、物理学者はどうしようもありません。数学はいくら無限大が出てきてもかまいませんが、物理学は現実の自然界を相手にしているので、無限大が出てくるとお手上げなのです。こうした「特異点」

[5-12] **スティーヴン・ホーキング（1942-2018）**

はブラックホールの中心にもあり、その研究で2020年ノーベル物理学賞を受賞したのがペンローズ博士です。

そのため、特異点を避けて宇宙の始まりを説明するためのアイデアがいくつか考えられています。たとえば2018年に惜しくも亡くなったスティーヴン・ホーキングは、「時間に始まりがあると考えるから特異点の問題が生じてしまう」と考えました。

たしかに、そうかもしれません。でも、宇宙がなければ時間も存在しないので、宇宙に始まりがあるなら時間にも始まりがありそうです。

しかしホーキングは、宇宙が始まったときはそもそも時間と空間の区別がなかったのではないかといいます。現在の宇宙は時間と空間が区別されており、時間は前にしか進みませんが、空間は前にも後ろにも移動できる。もしその区別がなく、時間と空間が混ざっていたのなら、時間には始まりがなくてもかまいません。

奇妙な話ですが、インフレーション宇宙の対称性のことを考えれば、おかしな発想とはいえ

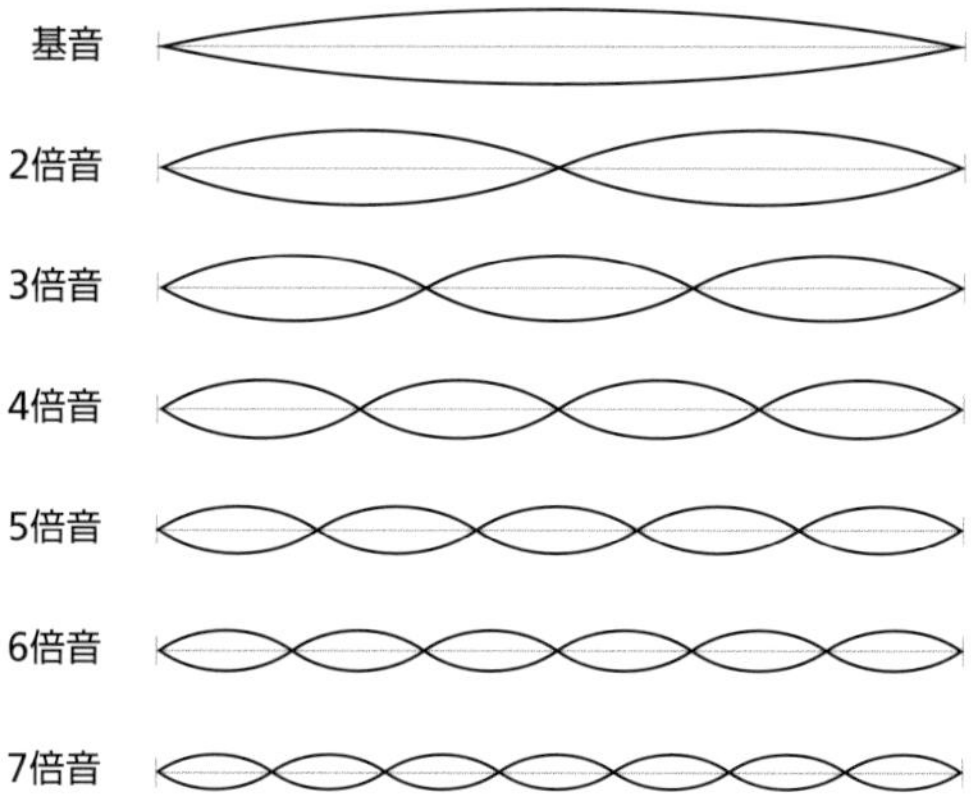

［5-13］**ひもには振動の仕方が無限にある**

ないでしょう。時間1次元＋空間3次元の4次元時空で対称性があるということは、時間と空間が「どちらでもいい」、つまり区別がつけられないということです。実際、数学的には、インフレーション中の宇宙で時間を「虚数」にすると、宇宙は4次元の球面になってしまい、ギリシャ人が大好きだった完全な美となります。その対称性が何らかの理由で破れた結果、現在の宇宙では時間と空間が別のものとして存在しているのかもしれません。

　また、別の形で「特異点」を回避できる仮説もあります。マクロの相対性理論とミクロの量子力学を統一する究極の理論として期待されている超弦理論がそれです。

　これはもともと、素粒子が「点」ではなく一次元の長さを持つ「ひも（弦）」なのではないか——というアイデアから始まりました。そう考えると、標準理論で17種類もある素粒子を、ひとつの「ひも」に統一できる可能性があります。

すべての素粒子は1本の「ひも」であって、ヴァイオリンの弦が振動の仕方によって音程や音色を変えるのと同じように、その「ひも」の振動具合によって電子になったりクォークになったり力を伝える粒子になったりするというわけです［5－13］。「超」がついているのは超対称性があるためで、それで物質と力を両方扱えるのです。

もし素粒子が点ではないとすれば、宇宙の始まりも点ではなかった可能性があるでしょう。素粒子が1次元の「ひも」なら、その長さより小さいものはありません。宇宙空間も、どんなに収縮させてもその長さで引っかかってしまい、点にまで潰れることはできないかもしれないわけです。

また、インフレーション理論には時間と空間を一緒にした「4次元時空」の対称性が登場しますが、超弦理論はもっと複雑で、空間は9次元まであると考えます。「そんな次元がどこにあるんだ？」と思うのが当然ですが、3次元空間にすむ私たちには、6つの余剰次元を見ることができません。綱渡りの綱が、アリにとっては2次元でも人間にとっては1次元なのと同じように、6つの余剰次元は小さく丸まっているので大きな私たちにとっては「ない」ように見えるのです。

では、そんな超弦理論にはいくつの対称性があるでしょう。「D×(D＋1)÷2」の式に当てはめれば「45個」になりますが、実はそうではありません。詳しく説明することはできませんが、素粒子が「ひも」だとすると、その振動の仕方は無限にあります。そのため超弦理論では、無限種類の対称性が存在します。もしこれが究極の統一理論だとすれば、その美しさもまさに「究極」といえるのではないでしょうか。

暗黒エネルギーがもたらした「最悪の予言」とは?

もちろん、ホーキングの仮説も超弦理論も、それを裏付ける証拠があるわけではありません。しかし、宇宙の始まりや物質の根源について、そういう説明ができる可能性があるのはたしかです。そう考えると、インフレーション理論さえ正しいことが証明されれば、物理学は「対称性」と「自然さ」を兼ね備えたシンプルな統一理論に向かって順風満帆に進んでいくように思えてきます。

でも、話はここで終わりません。その一方で、深刻な問題があるのです。その問題は、1998年に突如として私たちの前に出現しました。そう、宇宙を加速膨張させていると思われる暗黒エネルギーの存在です。

空間の体積が増えるにしたがってエネルギーが増える点で、現在の加速膨張はインフレーションとよく似ています。それ自体はひどく奇妙な現象ですが、もしインフレーションが理論どおりに起きたのであれば、現在の宇宙が加速膨張をしていても不思議ではないでしょう。

しかし、インフレーションと現在の加速膨張は、似てはいますが同じではありません。そのスピードがまったく違います。ですから、インフレーションと同じ理屈で暗黒エネルギーを説明することはできません。

インフレーションを起こしたエネルギーは「真空のエネルギー」と呼ばれます。もし現在の宇宙にその真空のエネルギーが存在するとしたら、どれぐらいあるのか。これは理論的に見積もることができます。それが現在の加速膨張を説明できるものであれば、こんなにありがたいことはありません。

しかし計算の結果は、理論物理学における「最悪の予言」といえるものでした。暗黒エネルギーとして必要な量より、あろうことか120桁も多いのです。念のためいっておきますが、「120倍」ではありません。それでも多すぎるのですが、数字の桁が120も違うのです。1兆倍の1兆倍の1兆倍の1兆倍の1兆倍の1兆倍の1兆倍の1兆倍の1兆倍の1兆倍です。そんなに数字の違うエネルギーを同じ理論で扱えるはずがありません。

暗黒エネルギーがいまより120桁も大きかったら、現在の宇宙はまったく成り立ちません。120桁どころか、暗黒エネルギーが20倍になっただけで、星や銀河は生まれなかったでしょう。暗黒物質の重力で材料を集めようとしても、膨張の勢いに引き離されてバラバラになってしまうからです。

また反対に、暗黒エネルギーが負の方向で大きかったとすると、膨張が減速するので、宇宙が始まってすぐ膨張が止まり、逆に収縮して潰れてしまいます。この場合も私たちのすめる宇宙にはなりません。

人間原理か、究極の美しい法則か

ここで再び、物理学は「自然さ」の問題にぶつかりました。陽子と中性子の質量についてお話ししたとおり、ちょっと数字を変えただけで現実の宇宙と矛盾する法則は不安定であり、自然さを感じません。陽子と中性子の場合はそれが自然だと思える理由が見つかりましたが、暗黒エネルギーの大きさは謎です。その大きさを少し変えただけで星も銀河も生まれないのですから、現在の宇宙に私たちが存在するのは偶然による奇跡のように思えてしまいます。

そのため、これを逆手に取るような考え方も出てきました。もし暗黒エネルギーが少し多かったとしたら、その宇宙には星が生まれないのだから、人間のような知的生命体も生まれません。そんな宇宙は誰にも観測されないのだから、あったとしてもわからないでしょう。逆にいえば、人間に観測される宇宙が星や銀河を生む程度の暗黒エネルギーを持っているのは当たり前ということになるのです。

このような考え方を、「人間原理」といい、ノーベル物理学賞受賞者のスティーヴン・ワインバーグが提唱しました。人間が観測できる宇宙は、人間を生むような物理定数を持っている――もし宇宙がひとつだけだとしたら、これはあまりにも確率が低く、奇跡的な偶然としか思えません。

しかし、たった1度だけの試行でサイコロの目が10回続けて同じになったなら「奇跡」ですが、何千回、何万回、何億回と試行すれば、1が10回続くことも6が10回続くこともあるでしょう。デリケート・アーチやバランス・ロックも、あれだけ見れば奇跡のように思えますが、無数に試行錯誤を重ねれば、ああいうことがたまに起きてもとくに驚くには値しません。

それと同じように、宇宙が無数に生まれているとすれば、その中に「ちょうど人間が生まれる程度の暗黒エネルギー」を持つ宇宙があっても不思議ではないでしょう。ほとんどの宇宙は星も銀河も生命も生まずに終わっている中で、たまたま私たちを生める宇宙もあったから、私たちはそこで自分の宇宙を観測している――自分たちの存在が「当たり前」なのか「奇跡」なのか、よくわからなくなってくるような話です。

いまのところ、この人間原理を否定する根拠はありません。もちろん、私たちの宇宙以外に宇宙があることも証明できませんが、ユニ（単一の）バースならぬ「マルチバース」を予言する理論もいくつか存在します。

しかし物理学者の多くは、人間原理を受け入れたくありません。私もそのひとりです。もしこの宇宙が人間原理によって成り立っているのだとしたら、自然で安定感のある美しい物理法則を追究することにはあまり意味がなくなってしまうでしょう。それこそ地平線問題や平坦性問題も、インフレーションのようなすさまじい理論を考えて説明する必要はありません。「いろいろな宇宙があるのだから、そういう宇宙があってもいいだろう」で話はおしまいです。どんなに不安定な理論も、マルチバースの前では「当たり前」で片づけられてしまうのです。

でも、仮に宇宙が無数に存在したとしても、それがすべて同じ物理定数や物理法則を持つ宇宙になる可能性もあるでしょう。「どの宇宙も同じ」なのであれば、それを説明する法則には対称性があり、普遍的な美しさを持っているといえます。そういう究極の法則に基づいて、どの宇宙も必然的に私たちの宇宙と同じになるのだとしたら、そこにはどっしりとした安定感もある。その可能性がある以上、この宇宙の姿を人間原理で片づけたくはありません。

私の後任としてカブリＩＰＭＵの機構長に就いた大栗博司さんは超弦理論の世界的第一人者ですが、２０１８年に「沼地仮説」を発表し、暗黒エネルギーは「真空のエネルギー」ではなく、時間と共に少しずつ減っていくものだ、と予言しました。そうだとすると、宇宙の加速膨張が少しずつ勢いを失う様子を観測できてもおかしくありません。

[5-14]**すばる望遠鏡**　Credit : Subaru Telescope, NAOJ

[5-15]**超広視野主焦点カメラ（HSC）**
Credit : 国立天文台・HSCプロジェクト

[5-16]**超広視野多天体分光器（PFS）**
Credit : 国立天文台・PFSプロジェクト

[5-17] **すばる望遠鏡が発見した130億光年かなたの宇宙にある原始銀河団（疑似カラー画像）。現在知られている中でもっとも遠くにある銀河団**

Credit：国立天文台/Harikane et al.

だからこそ、まずは暗黒エネルギーの謎を解明する必要があります。なにしろ正体がまったくわからないので、加速膨張の実態をもっと詳しく調べることから始めなければいけません。

そのため私たちは、すばる望遠鏡を使って「SuMIReプロジェクト」という宇宙の「国勢調査」をやろうとしています。すばる望遠鏡は視野がとても広いので、数多くの銀河を短時間で観測できるのが強みです［5－14］［5－15］［5－16］。有名なハッブル望遠鏡で1000年かかる観測が1年でできます。2023年ごろから

5～6年で、およそ数百万個の銀河を詳細に観測する予定ですから、それぞれがどのような速度で遠ざかり、宇宙がどのように膨張しているのかが正確にわかるでしょう。その観測が進むことによって、暗黒エネルギーの正体も徐々に明らかになるはずです［5－17］。

それによって、どのような結論が出るのかはわかりません。すべてを自然に説明する美しい法則が存在するのか、それとも、この宇宙は無数の試行錯誤の結果でしかないのか。いいかえると、宇宙の存在は必然なのか、偶然なのか。いまの物理学は、その境目に立っていると思います。

しかし本書で見てきたように、これまで物理学は、対称性が高く、安定感もある、シンプルな統一理論を築く方向で発展してきました。ここまでは美しく説明できたのですから、これからもより美しい理論を築けると信じたい気持ちが私にはあります。

宇宙は、どこまでも美しくあってほしい――。

それが私の願いであり、研究を続けるモチベーションでもあるのです。

おわりに

宇宙はなぜ美しいのか。

「ふーん、そんな見方もあるのか」と思われたか、「物理学者というのは、やっぱり変な人種だ」で終わったか。いかがだったでしょうか。

新型コロナウイルスの蔓延は世界を変えました。私が教えているカリフォルニア大学バークレー校でも、授業はすべてオンラインになりました。自宅からＺｏｏｍで講義するのはかなり大変でしたが、学生も集中力を維持するのは大変だったと思います。

外国への出張はできなくなりましたが、オンラインなら世界中どこで開かれるミーティングでも出られるので、仕事が24時間体制になってしまいました。西海岸の自宅で、朝はヨーロッパと、夜は日本と、昼間はバークレーの同僚や学生とのミーティング。結構辛くて軽いうつ病になってしまい、今でも薬を飲んでいます。

そのような日々の中で、物理法則についていろいろ考えることは、私にとっては楽しく癒されることでした。なんといっても「美しい」もののことを考えるのですから。

ちなみに、ニュートンが微積分や重力の法則を思いついたのは、１６６５年、ペストの流行でケンブリッジ大学から疎開していたときのことでした。私が南部理論をやっと理解できたのも、ロックダウン中のことです。人と議論しながら研究を進めるのはとても大切ですが、こもって一人で考える時間も大事だ、ということなのでしょう。

新型コロナのパンデミックという災いの中で、有効性が90％もあるｍＲＮＡワクチンが開発されたのは、人類にとって本当に幸運なことでした。開発が1年足らずでできたのは、それまでの何十年にわたる基礎研究があり、「たまたま」そろそろ使えそうなところまで来ていたからでした。基礎研究の大切さをあらためて実感しました。今までのインフルエンザ・ワクチンの有効性は20〜50％でしたから、今後はワクチンの主流はｍＲＮＡに切り替わっていくのだと思います。

この本の出版にあたって、私にとっての新しい試みがいくつかあります。まずはカラー版にしたことです。若干、本の値段が張ってしまったのが恐縮ですが、やはり美しい画像は見るだけで癒されます。

もうひとつはＱＲコードを入れて、オンラインコンテンツをすぐ見られるようにしたことです。ブラックホールが合体した瞬間の「鳥のさえずり」は、聞かないと面白さがわかりません。私たちが住む天の川銀河系とアンドロメダ銀河の衝突の動画は、なかなか衝撃的だったと思います。

どちらも提案してくれたのは、編集者の小木田順子さんです。

前著『宇宙は何でできているのか』に続き、今回も小木田さんとライターの岡田仁志さんのお二人には大変お世話になりました。実は私の仕事が遅くて、最初の原稿からなんと6年もお待たせしてしまいました。

その間にプランク衛星のデータがアップデートされたり、重力波が観測されたり、と大きな進展もあり、かなり加筆することになりました。かえってよかったかな、と勝手に自分にいい聞かせていますが、お二人の忍耐には本当に頭が下がります。

また、前回の本もこの本も、朝日カルチャーセンターでの講義が基になっています。講義をホストしてくださった神宮司英子さんはその後退職され、名残惜しいかぎりです。今まで本当にありがとうございました。

この本のキーワードのひとつは「対称性」でした。準備の間に「自発的対称性の破れ」でノーベル物理学賞を受賞された南部陽一郎さん、「CP対称性の破れ」の益川敏英さんが亡くなられました。そして超新星ニュートリノを捕まえた小柴昌俊さん、スティーヴン・ホーキングさん、「人間原理」を初めて真剣に唱えたスティーヴン・ワインバーグさんも世を去られました。とても残念です。

一方、バークレーにも東大にも元気な新しい学生が入ってきて、研究に熱中しています。大きな問題はまだたくさん残っているので、彼ら・彼女ら（トランスジェンダーを含む）と議論するのはとても楽しいです。

究極の統一理論を追い求めた偉大な先輩物理学者たちの夢を受け継ぎ、私も、新しい仲間たちと、「美しい物理法則」を目指す旅を続けていきたいと思います。

これからも、そんな「変な人種」たちへの応援をよろしくお願いいたします。

２０２１年11月

村山　斉

著者略歴

村山 斉《むらやまひとし》

東京大学国際高等研究所カブリ数物連携宇宙研究機構（カブリIPMU）教授、カリフォルニア大学バークレー校マックアダムス冠教授。一九六四年東京都生まれ。九一年東京大学大学院理学系研究科博士課程修了。理学博士。東北大学助手等を経て二〇〇〇年よりカリフォルニア大学バークレー校教授。〇二年、西宮湯川記念賞受賞。〇七年から一八年一〇月までカブリIPMUの初代機構長を務めた。専門は素粒子論・宇宙論。世界の科学者と協調して宇宙研究を進めるとともに、市民向け講座などでも積極的に活動している。『宇宙は何でできているのか』（幻冬舎新書）、『宇宙はなぜこんなにうまくできているのか』（集英社インターナショナル）、『宇宙は本当にひとつなのか』『宇宙になぜ我々が存在するのか』（ともにブルーバックス）、『宇宙を創る実験』（編著、集英社新書）、翻訳絵本『そうたいせいりろん for babies』『りょうしりきがく for babies』『ニュートンりきがく for babies』（すべてサンマーク出版）など著書・訳書多数。

幻冬舎新書 638

宇宙はなぜ美しいのか

カラー新書

究極の「宇宙の法則」を目指して

二〇二一年十一月二十五日 第一刷発行
二〇二一年十二月 十 日 第二刷発行

著者 村山 斉

発行人 志儀保博
編集人 小木田順子
発行所 株式会社 幻冬舎
〒一五一-〇〇五一 東京都渋谷区千駄ヶ谷四-九-七
電話 〇三-五四一一-六二一一(編集)
〇三-五四一一-六二二二(営業)
振替 〇〇一二〇-八-七六七六四三
ブックデザイン 鈴木成一デザイン室
印刷・製本所 中央精版印刷株式会社

検印廃止

Printed in Japan ISBN978-4-344-98640-4 C0295
む-2-2

幻冬舎ホームページアドレス https://www.gentosha.co.jp/
*この本に関するご意見・ご感想をメールでお寄せいただく場合は、comment@gentosha.co.jpまで。

幻冬舎新書

村山斉
宇宙は何でできているのか
素粒子物理学で解く宇宙の謎

物質を作る究極の粒子である素粒子。物質の根源を探る素粒子研究はそのまま宇宙誕生の謎解きに通じる。「すべての星と原子を足しても宇宙全体のほんの4%」など、やさしく楽しく語る素粒子宇宙論入門。

大栗博司
重力とは何か
アインシュタインから超弦理論へ、宇宙の謎に迫る

私たちを地球につなぎ止めている重力は、宇宙を支配する力でもある。「弱い」「消せる」など不思議な性質があり、まだその働きが解明されていない重力。最新の重力研究から宇宙の根本原理に迫る。

大栗博司
強い力と弱い力
ヒッグス粒子が宇宙にかけた魔法を解く

ミクロの世界で働く「強い力」と「弱い力」。ヒッグス粒子の発見により、この二つの力の奥底に隠されていた、自然界の美しい法則が明らかになった。世紀の発見の意義を、ロマンあふれる語り口で解説。

鈴木洋一郎
暗黒物質とは何か
宇宙創成の謎に挑む

星や星間ガスの5倍以上も存在し、宇宙の全質量の4分の1以上を占める「暗黒物質」（ダークマター）。星も銀河も暗黒物質がなければ生まれなかった。暗黒物質探査の最前線に立つ著者がその正体に迫る。